UNREAD

摩天建筑视觉史

SCRAPERS

[英] 扎克·斯科特——著

万山——译

ZACK SCOTT

天津出版传媒集团

天津科学技术出版社

欢迎阅读《摩天建筑视觉史》。这是一段人类汲汲探寻更高点的视觉历史，你将看到智慧迸发带来的革新建筑。

扎克·斯科特带领的这次旅行，开始于人类第一次尝试用他们的创造物触摸天空，结束于傲然矗立在全球各地的现代建筑和工程杰作。

从巨石阵到帝国大厦，从金字塔到哈利法塔，扎克娓娓道出了那些举世无双的建筑背后的鲜为人知的真相和迷人逸事。

《摩天建筑视觉史》用华丽的图像展示了人类建筑史上诸多的大师之作，这些杰作不仅让我们大开眼界，也让我们"大开心界"。

献给爱丽丝

目录

前言   4

摩天之路   7
从石器时代到工业革命

摩天热潮   43
从 19 世纪 80 年代到经济大萧条时期的美国

走向全球   95
20 世纪世界各地的高层建筑

当世杰作   157
千年之交的摩天大楼掠影

前言

威严耸立于大地之上，似乎在藐视自然的法则，毋庸讳言，摩天大楼是最令人惊叹的人类创造之一。每一座摩天大楼都是无数因素独一无二的产物，时间、选址、资费、功用、建筑师……不一而足。每一座建筑都有自己的一段故事想要讲述、一个想要达到的目的，以及一个愿景希冀实现。如今可见的闪闪发光的玻璃高塔，其实是建筑界中的后来者，只有在积淀了几千年的知识与经验之后，才有可能建成。

最早的人类建筑遗迹可以追溯到 7000 年前的石器时代晚期，由新石器时代的人们建成，所以本书的内容就是从这个时间开始的。若想说明人类的创造力已经引领我们走了多远，以及我们取得了多少成就，了解一切是从哪里开始且是如何开始的十分重要。有了这些认识之后，我们便能从全球古代建筑物中撷取那些最不同寻常的作品，一窥它们建造的奥秘和取得的技术成就。之后我们来到工业革命时期，建筑史上最大的"变革者"之一——钢铁的大规模生产——在这一时期被发现。最后我们抵达现代社会，从芝加哥初期的高楼大厦到今日上海令人目眩的摩天巨塔。这场充满发现的旅程，将按照时间顺序，带领读者饱览世界上设计最大胆的建筑，发掘与这些如雷贯耳之作有关的真相，阐明它们背后的原因和含义。

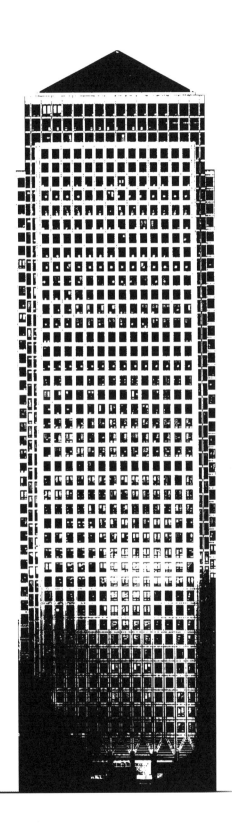

摩天之路

从石器时代到工业革命

远在由钢筋水泥建成的摩天大楼出现之前，人类就执着于在星球上留下自己的印记。他们穷尽文明演变留下的一切，完善的方法、代代相承的技术、日积月累的建筑知识，当然，还有一些散佚了。年代更迭，很多早期文明都渐渐消失，或是因为战争，或是因为饥荒与疫病，他们的经验已无处可寻。即便如此，当社会越发成熟、规模越发宏大，世界各地的文明将建造出更具野心的建筑，以此拓宽建筑的可能性、革新本民族的风格。

不同文明中最重要、最具代表性的建筑的共性在于高度，这一现象出于很多的原因。立得更高，给予了居高临下的优越感和力量感。毫无疑问，这和原始的动物本能有关：在争斗中，体形越大的动物获胜的可能性越高，若能占据更高的地势则优势更明显。同理，人们看到一座巨大的、气势磅礴的建筑，能直观地感受到它的重要性。高耸的建筑也通过让旁观者知道它们经历了什么才呈现出如今的样子来体现其价值。以宏伟的埃及金字塔为例，光是想到它们的建造背景，就让人心潮澎湃。它们是怎么建成的呢？

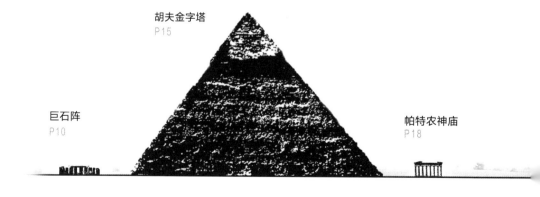

胡夫金字塔
P15

巨石阵
P10

帕特农神庙
P18

它耗费了多少人力？所以，建筑不仅服务于它们最初的建造目的，还让观者意识到展示在他们面前的是多么伟大且先进的文明。

地球上最早的一些建筑可以追溯到公元前 5000 年，主要是手工建成的土墩、简易的石墓、地下通道，或者兼而有之。石器时代晚期人类的造物，留存至今的大多数与死亡、死后世界以及神灵有关，这些肯定是当时文化中至关重要的主题。随着社会人口的增多与对材料和技术更深入的理解，建筑的规模和复杂程度有所增长。在接下来的几个世纪里，宗教走在了建造大型建筑的前沿，当然也有例外。许多君主为自己建造了防御性的宫殿和城堡，功能多样的庙宇相继出现。此后，建筑业的剧变随着工业革命而来。掌握巨额财富的不再是教堂和贵族，而是企业家和实业家。铁的大规模生产促使了建筑业的彻底变革，一时间，人们纷纷离开乡村进入城市，建筑的面貌也随之巨变，新事物层出不穷。

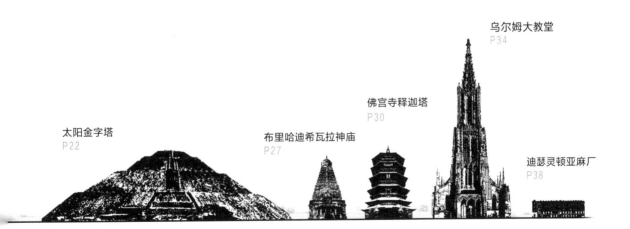

乌尔姆大教堂
P34

佛宫寺释迦塔
P30

太阳金字塔
P22

布里哈迪希瓦拉神庙
P27

迪瑟灵顿亚麻厂
P38

建造时间：
公元前 3100—前 1500 年

高度：
7.6 米

英国威尔特郡

巨石阵

在建筑史早期，人类还无法建造高度可观的建筑。基础的结构由新石器时代的人造出，他们既无水泥也无砂浆，仅能将各种形状的石头拖到合适的位置来建造他们的纪念碑。寰宇之间，有诸多此类建筑，其中最负盛名的无疑是巨石阵。

鉴于没有任何新石器时代的书面记录留存，巨石阵满布疑团。然而不容置喙的是，对一个没有机器且工具极其有限的文明来说，这是一项难以估量的浩大工程。他们所用的石头并非产本地，而是来自遥远的地方，因此这项工程更叫人赞叹。在没有车轮乃至滑轮的情

况下，他们到底是如何穿越荒野地带运输石块的，这个问题一直众说纷纭。最广为接受的观点是，他们会用树干做成撬棍和车辙，甚至在必要时做成筏子来跨过河道。带着数量如此庞大的岩石走上如此遥远的路，绝对是背水一战式的工作，因此在工具和技术上匮乏的，必定要由雄心壮志来弥补。遗址中央著名的石圈直到公元前 2500 年才形成，此时距离选址已过了 500 年。起初，这个地方是用一道直径超过 100 米的圆形水渠圈出来的，四周环绕土堤。石块运达之后，人们又花了数百年时间将它们垒成不同的形状，但直到公元前 2200 年，巨石阵才大体有了现在的模样。

巨石牌坊

以今天的标准来看，巨石牌坊几乎算不上摩天建筑，但它的规模在当时一定是引人注目的。

4.9米

0.9米

7.6米

6.7米

2.4米

2.1米

巨石牌坊最后
遗留下的立柱

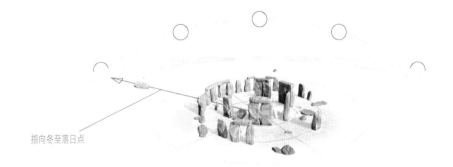

指向冬至落日点

天文台

尽管当时的人还不具备建造摩天建筑的技术，但他们必定长久观察着天空。对建造者来说，巨石阵拥有显而易见且十分重要的天文意义。关键石块的位置专门根据日月在一年中特殊日子的升起和下落而排布。这也说明，这个场地是用作天文观测的，或者至少是目的之一。至于它跟时人的宗教或者精神信仰有怎样的联系，仍是未解之谜。

普雷斯利山
（青石）

陆地路线

莫尔伯勒丘陵
（砂岩）

海岸路线

220千米

加的夫

巨石阵

伯恩茅斯

运输路线

石阵中央最大的砂岩是由在莫尔伯勒丘陵发现的一种砂岩制成的。每块石头至少重 20 吨，被认为是从 40 千米以外的采石场运来的。小一点儿的青石大概有 80 块，平均重达 2.5 吨，产自 220 千米以外的威尔士普雷斯利山。

摩天之路

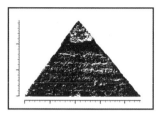

建造时间：
公元前 2580—前 2560 年

高度：
146.6 米

埃及吉萨

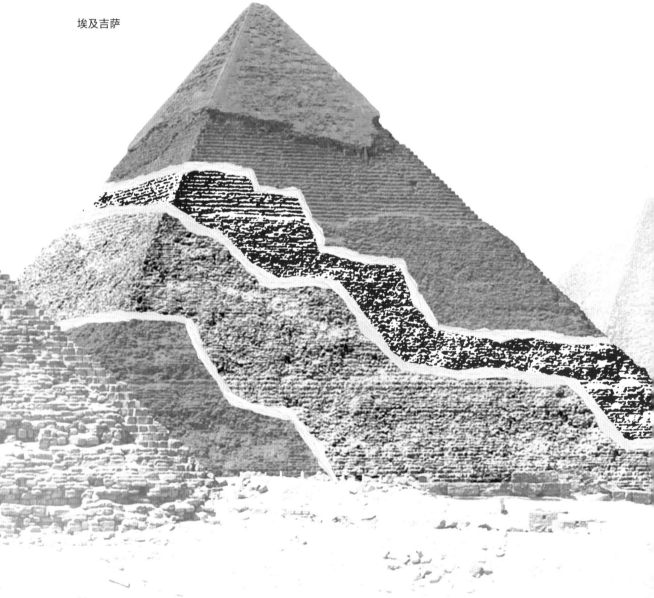

胡夫金字塔

尽管埃及金字塔与巨石阵是在同一时期建成的，但金字塔却是更先进文明的产物。金字塔精确的几何形态设计，彰显了缔造者对数学更为成熟的理解，而实现这一设计的能力更展示了埃及人在建筑技术方面的智慧。金字塔庞大的规模清楚地说明，相比巨石阵耗费的人力，金字塔有过之而无不及。实际上，在很长一段时间里，人们猜测建造金字塔的主要劳动力是奴隶，不过最新的发现倾向于是有偿的技术劳工。

胡夫金字塔建于埃及法老胡夫的统治时期，功用类型是陵墓。没有人知道埃及的法老们为什么会选用金字塔这种形式的建筑作为已故君主的墓地。也许，金字塔直指天宇表示的是灵魂往生的道路。也可能，金字塔的形状让人联想到太阳光线，因此金字塔也成为伟大太阳神的象征。另一种可能是，金字塔是一个经受住了检验的案例——拥有一个逐渐向顶部收缩的巨大底部，使它成为极有可能被长久保存的稳定结构。实际上，它也确实被保存得相当完好，胡夫金字塔是世界七大奇迹中最古老且唯一留存至今的建筑。

精确

胡夫金字塔的底座和四方位完美契合。四面分别对应东、西、南、北，误差仅 0.083°。从平面图可以看出，3 座主要金字塔的东南角可以连成一线，与东西向的水平线呈 51° 夹角。有趣的是，金字塔斜面棱线与地面夹角也是 51°，至于这个角度为什么如此重要，那就不得而知了。

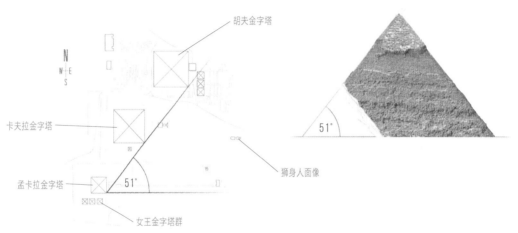

胡夫金字塔

N
W E
S

卡夫拉金字塔

孟卡拉金字塔

51°

女王金字塔群

狮身人面像

51°

内部

胡夫金字塔的内部有 3 个墓室：地下墓室、王后墓室和国王墓室。国王墓室便是法老的长眠之地，内墙砌满了红色花岗岩，其中容纳一座石棺。国王墓室和外墙由一条狭窄的通风道连接，专家认为这种设计是为了让灵魂升至天堂。

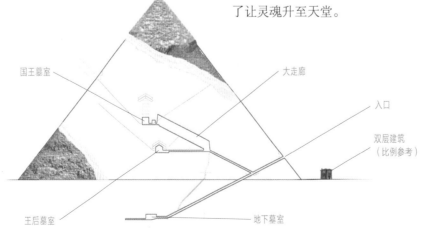

国王墓室

大走廊

入口

双层建筑
（比例参考）

王后墓室

地下墓室

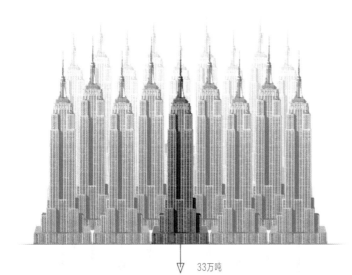

33万吨

590万吨

建筑材料

建造这座金字塔耗费了数量惊人的石灰石。胡夫金字塔的结构几乎是全实心的，它的重量让绝大多数空心结构的现代庞然大物相形见绌。胡夫金字塔使用了大约230万块石灰石，每块石灰石的重量在2.5吨左右。如果按每小时垒12块的平均速度计算，建成胡夫金字塔需要夜以继日地施工20年。尽管它的体积只是帝国大厦的2.5倍，但其重量却是帝国大厦的18倍以上。

世界最高点

自建成之日起，埃及金字塔竟然顶着世界最高建筑的头衔3800年之久，直到被林肯大教堂超过。

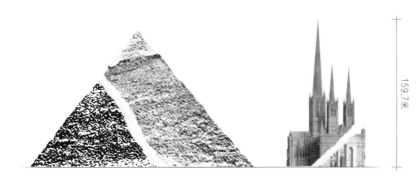

159.7米

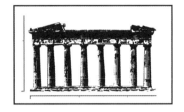

建造时间：
公元前 447—前 438 年

高度：
13.7 米

古希腊雅典

帕特农神庙

帕特农神庙的高度虽不及胡夫金字塔，但它依然高高矗立于雅典卫城的最高处，主宰着雅典的天际线。雅典卫城建在海拔150 米的石灰石山冈之上，四面是有围墙的堡垒。"卫城"（acropolis）源于两个希腊词：最高点或者顶端（akron），以及城市（polis）。优越的地理位置使其成为古老且极具标志性的象征，其代表的不仅是古希腊，还有民主与西方文明。

雅典是古希腊最强大的城邦，也是许多伟人的故乡，苏格拉底、柏拉图、索福克勒斯，甚至连历史上最早参与城市规划的米利都的希波达莫斯都在此居住过。古希腊建筑之所以声名斐然，在于它的比例、透视、简洁以及装饰带来的和谐之美。帕特农神庙就是最好的例证。它建于公元前447—前 438 年，装饰部分直到公元前 432年才完成。尽管从建筑角度来讲，这是一

座庙宇，但它的功能却不是祭拜或者供信徒集会。相反，它被用来安置雅典娜（城市的保护神）的雕像和越来越多的城市财富。雅典娜雕像由黄金和象牙制成，高达12米，早已被毁坏。

在古典时代之后，帕特农神庙几易其主，先是被改造成教堂，后来又被改成了清真寺。1687年，神庙被奥斯曼人用作军火库，不幸的是，它在一场战役中被炮弹击中，炮弹造成了巨大的爆炸，神庙也因此沦为废墟。

卷杀

古希腊人在建造柱子时设计了"卷杀",这种柱子底部略宽,在底部往上的1/3处略轻微凸起(凸起的位置随柱式而定),然后再向顶部收缩。连续垂直的柱子会在视觉上产生凹陷的效果,显得不够稳固。然而,这种被称为卷杀的略微凸起的形式,却体现了结构力量与优雅的美感。

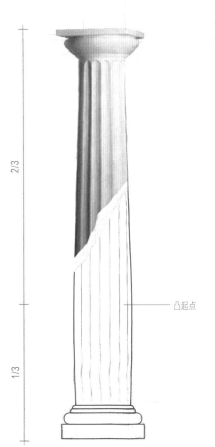

2/3

1/3

凸起点

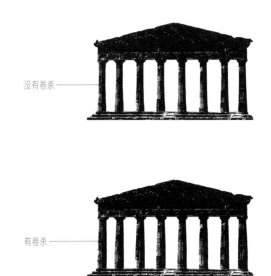

没有卷杀

有卷杀

影响

毫不夸张地说,古希腊人创造的建筑范式在整个历史上的影响极为深远。率先效仿的是罗马帝国,之后,在黑暗时代[1]结束前的每个王朝莫不如此。

万神庙
意大利
公元125年

---

1 黑暗时代:Dark Ages,指在欧洲历史上,从西罗马帝国的灭亡到文艺复兴开始的一段时期。——译者注

完美的透视

古希腊人深谙透视的功用并清楚地知道直线从远处看起来往往是弯曲的，尤其是在观看帕特农神庙这样体量的建筑时。因此，神庙的所有柱子都以微小的程度向内倾斜。这不仅让建筑看起来更加轻盈，不至于头重脚轻，还让神庙有了垂直挺拔的视觉效果。

交会点
（不按比例）

4.8千米

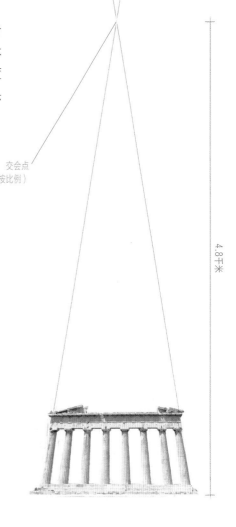

1 神庙正面效果。

2 未经视觉矫正的神庙正面效果。

3 神庙正面设计视图，结构与视觉效果的合力，将使实物在肉眼下呈现出图1的效果。

维尔纽斯大教堂
立陶宛
1783年

最高法院大楼
美国
1935年

建造时间：
公元 100—200 年（预估）

高度：
65.5 米

墨西哥特奥蒂瓦坎遗迹

太阳金字塔

特奥蒂瓦坎是坐落于墨西哥谷的一座古城，在今天的墨西哥城东北方向 40 千米处。这个聚居区形成于公元前 100 年，巅峰时期多达 125 万的人口，使其成为当时世界上最大的城市之一。特奥蒂瓦坎在公元 550 年前后衰落，学者猜测这归因于入侵者对该地的掠夺和烧毁。然而，近期发现的遗迹显示，是暴乱导致了衰落，而暴乱很有可能与饥荒有关。

无论这座城市的消亡究竟为何，在接下来的几个世纪里，除了有一些孤独的私自占地者，它一直是一座空城。12 世纪，阿兹特克人重新发现了特奥蒂瓦坎，并为其中的道路和建筑命名，这些名称至今仍在使用，比如太阳金字塔。阿兹特克人相信特奥蒂瓦坎的金字塔群是墓群，实际上这些建筑是庙宇。遗憾的是，特

奥蒂瓦坎金字塔顶端的神庙被毁坏了，因此建筑学家们无法推测这个文明究竟信仰的是哪个宗教或者神灵。虽然金字塔的内部没有房间，但在它的地下却探测发现了一系列的洞穴和隧道，金字塔大部分的建筑用料被认为是从那里开采出来的。

金字塔倾斜的石墙由泥土、碎石和大石块固定而成，每一层都为上一层提供了坚实的基础。最初，由于金字塔的表面覆有石灰和石膏，所以它原本拥有一个光滑、带有装饰图案的墙面，而如今墙面的涂饰已经被侵蚀殆尽。

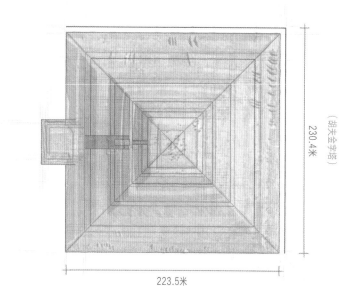

230.4米（胡夫金字塔）

223.5米

金字塔与金字塔

太阳金字塔是世界第三大金字塔，它底座的尺寸和胡夫金字塔的不相上下，但它的高度仅是胡夫金字塔的一半，这主要是因为其阶梯式的设计和较小的墙壁坡度。

146.6米

65.5米

65.5米

太阳金字塔

43米

月亮金字塔

太阳与月亮

月亮金字塔似乎是在太阳金字塔的工期之后建成的，它坐落在长约 4 千米的城市主干道"亡灵大道"的尽头。尽管月亮金字塔的规模更小，但由于它建在了地势较高的地方，所以当人们爬了 248 级台阶到达太阳金字塔顶峰后，会觉得两座金字塔似乎一样高。

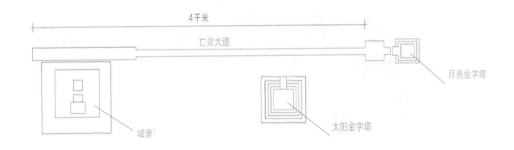

4千米

亡灵大道

城堡¹

太阳金字塔

月亮金字塔

祭祀

特奥蒂瓦坎不仅是一座繁华的大都市，而且是一个祭祀的地方。神庙被用于宗教仪式，比如动物祭和人祭。太阳金字塔的四角都埋有儿童骸骨。

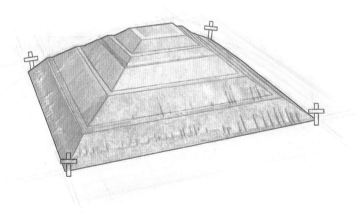

1 羽蛇神金字塔/神庙位于城堡内。——编者注

建造时间：
公元 1003—1010 年

高度：
59.8 米

印度坦贾武尔

布里哈迪希瓦拉神庙

从公元1世纪开始，印度教开始在印度次大陆传播，随之而来的是新旧之神的交替。用来供奉特定神明的庙宇纷纷出现，其内部可以容纳信徒的供奉并举行宗教仪式。印度这些早期的礼拜场所很简陋，大多是凿出的岩洞，但里面通常刻有能让人想起神明奇幻历险的木制浮雕。

寺庙的建造在不断发展，公元4世纪和5世纪相交之时出现了第一批独立式寺庙，这些寺庙基本是用木头或者陶土建造而成的。五花八门的建筑形式百花齐放，经过时间的积淀，它们相互影响，新的趋势出现，风格也开始融合。这些建筑最重要的特征在于，它们都拥有一个门廊式入口、一个通向内部圣殿的多柱式大厅，以及耸立其上的锡克哈拉风格的尖塔。而坦贾武尔的布里哈迪希瓦拉神庙则是一座包含了以上所有特征的印度建筑瑰宝。

当时的朱罗国君主罗阇罗阇一世选定坦贾武尔作为他扩张中的疆域的首都，是因为这里是他指挥战役的地方。罗阇罗阇一世本人在建造布里哈迪希瓦拉神庙时倾注了大量的个人喜好，因此神庙除了被正式用来供奉湿婆神，也将有助于美化它那高贵的恩主及他的帝国。事实上，神庙的原名是罗阇罗阇希瓦拉神庙，后来才改为现在的名字。

无与伦比的精确

除了奢华的石雕和雄伟的规模，布里哈迪希瓦拉神庙在结构上的精确度更是傲立群雄。它以完美的角度垂直矗立着，即便过了千年也没有丝毫倾斜。建造者对零误差如此坚持的原因至今仍是未解之谜，他们是怎么实现的也只能靠猜测。其他的建筑，甚至是在更发达的社会建成的那些，也从未做到如此精确。

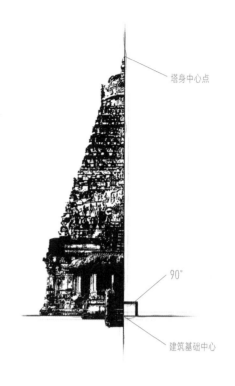

塔身中心点

90°

建筑基础中心

塔冠

布里哈迪希瓦拉神庙最引人注目的特征之一是它那顶着 70 吨重石头的塔顶。历史学家推测了若干种将这一庞然大物运到神庙顶端的方法。

方法 1
用泥土铺就的
螺旋坡道。

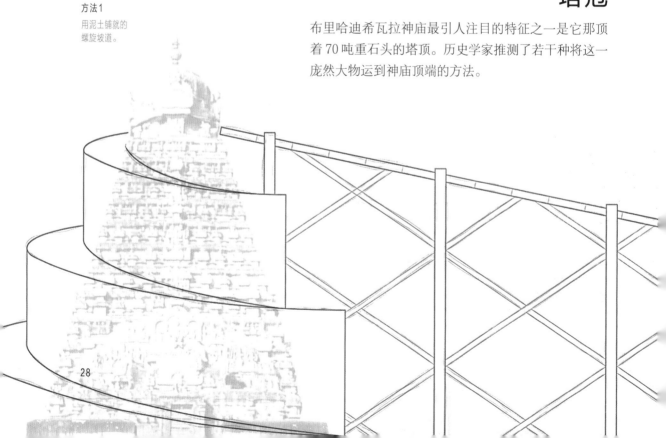

千钧重负

超过 12 万吨花岗岩被用于建造布里哈迪希瓦拉神庙，
在没用任何砂浆的情况下，神庙至今仍然保持直立，
简直不可思议。相反，这些石头交错而置、层层叠叠，
依靠千钧重负保持了稳定。为了支持如此巨大的重量，
塔壁也必须建得尤其厚实。

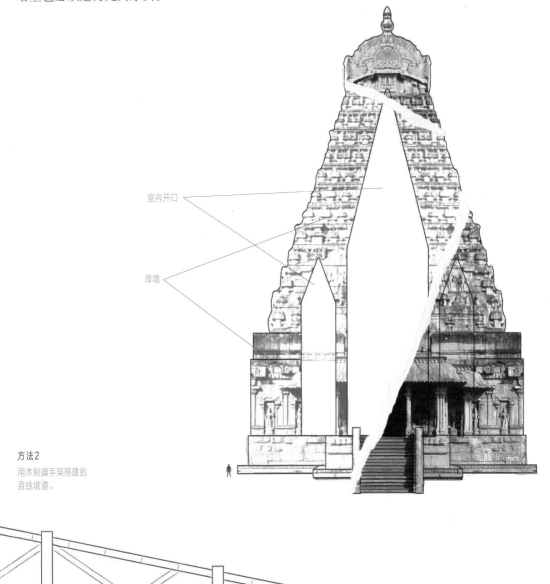

室内开口

厚墙

方法2
用木制脚手架搭建的
直线坡道。

建造时间：
1056 年

高度：
67.3 米

中国应县

佛宫寺释迦塔

佛宫寺释迦塔是当之无愧的建筑杰作，从落成至今已存在近千年，它不仅是中国最古老的全木建筑，也是世界上最高的木结构建筑之一。跟前面所述建筑相同的是，释迦塔也在沧海桑田中经历了天灾地变、兵连祸结、风雨剥蚀；与众不同的是，它还必须与能迅速摧毁任何木制品的腐朽抗争下去，这也让如今仍然屹立不倒的释迦塔更令人惊叹。释迦塔同样因其精巧的建造技术而为人称道——不费一钉一铆，全靠榫卯的精巧变化将各个木制部件连接起来。

佛宫寺是辽道宗建造的一系列建筑群中的核心部分。道宗皇帝选择了大同市以南 85 千米的一个僻静场地，那里是他祖母家的所在地。寺庙内部供有数尊佛像，墙上也绘有佛像，最大的一尊是立式佛像，高达 11 米。作为一个佛教徒和寺庙建造者，这样精心设计的圣殿足以显出他的赤诚之心。

经久长存

释迦塔建成后的 50 年间，发生过多次地震，没有登记在案的更是无法计数。佛塔能够屹立至今要归功于它的几个设计特征。

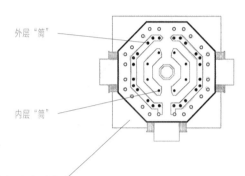

外层"筒"

内层"筒"

筒中筒结构

塔的结构特点是每层都有内外两圈环柱，上下层的柱子直接对齐排列。柱子的连接方式跟现代摩天大楼使用的一种叫作"筒中筒"的结构相似，可以用来分散载荷。

锥形

每一层的柱子都略微向内倾斜，每根柱子顶部的直径相对于柱子底部的都缩小了一半。另外，锥形设计也让建筑收获了更为修长的视觉效果。

弹性

丰富的斗拱设计赋予了建筑更多的弹性，这是佛塔能承受住剧烈震动的关键。

斗拱

斗拱是一种采用了中国传统建筑中榫卯连接方式的构件。与钉子将载荷集中在非常小的面积上不同，斗拱可以把重量分散到木制构件的连接处。释迦塔一共使用了54 种斗拱，比同时代的任何建筑都要多。

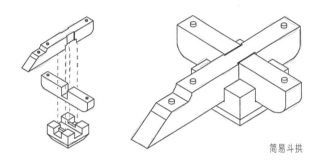

简易斗拱

今昔对比

佛宫寺释迦塔不只是一个古代奇观，以现在的标准来看，它的高度与 20 层楼不相上下。

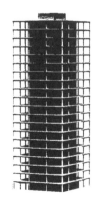

建造时间：
1377—1890 年

高度：
161.5 米

德国乌尔姆市

乌尔姆大教堂

从动工之日起，乌尔姆大教堂就长久处在施工状态中，历经几个世纪才落成的它，见证了许多建筑师的来来往往。尽管工期极其漫长，但乌尔姆大教堂是哥特式建筑的杰出代表，并拥有世界上最高的教堂尖塔。

乌尔姆市最初的教区教堂位于城墙之外，由于中世纪时期社会动荡，市民无法顺利前往教堂参加礼拜。乌尔姆市的居民渴望有一座在城墙之内的教堂，最终，他们没依靠教会、皇室或者贵族的任何资助，自行筹建了这座教堂。

教堂破土于 1377 年，一开始想建成一座罗马式天主教堂，但在长达 150 年的工期里，原先的计划被逐步调整和修改。1543 年，由于天主教徒改信新教，政治、经济和宗教开始融合，工程因此被迫暂停。到了 1844 年，工程才重新开始，教堂尖塔彻底完工则是在 1890 年，从那时起乌尔姆大教堂就成了世界上最高的建筑，直到 1901 年被费城市政厅超过。

尽管乌尔姆大教堂常因其庞大体量所带来的不可忽视感而被认为是主教座堂，但实际上它从来就不是主教常驻的教堂，因此也称不上是主教座堂。从罗马帝国开始，主教座堂在欧洲各地纷纷出现，与它们相同的是，乌尔姆大教堂也成了本地的焦点；一个定义性的特征；一个将具有相同信仰的人凝聚在一起的存在；一座规模宏大、美丽动人，让大众心生向往的建筑；一个不可错过的城市地标。

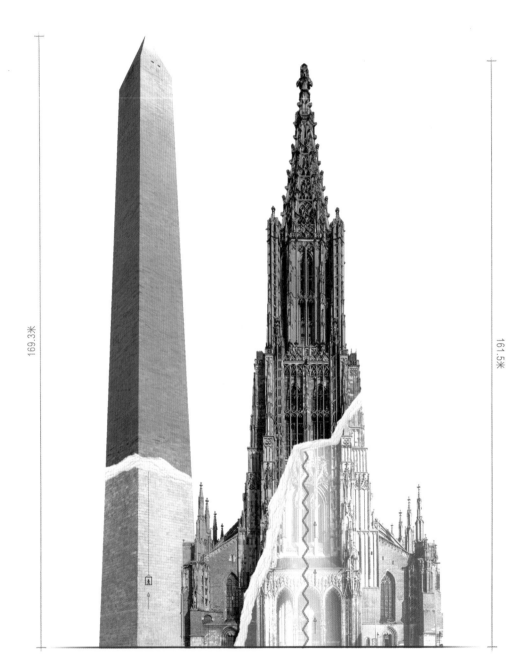

169.3米

161.5米

走向顶端

尽管华盛顿纪念碑比乌尔姆大教堂高出大约 8 米，但登上纪念碑的顶端却比登上乌尔姆大教堂的尖塔要容易得多。大教堂内部没有电梯，因此如果你想到达尖塔的顶峰，就必须攀越 768 级台阶。

大管风琴

除了优雅的石制长椅、宏伟的雕塑和华丽的彩色玻璃窗，这座教堂还容纳了一台巨大的管风琴。这台管风琴在 16 世纪被收入教堂，由 8900 个独立音管组成，是世界上最大的管风琴。据史料记载，莫扎特在 1763 年还亲自演奏过它。

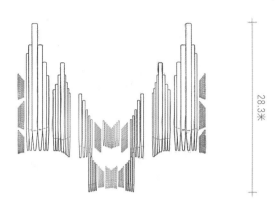

28.3米

20 世纪以前

1890 年一竣工，乌尔姆大教堂就成了世界上最高的建筑，但是在 20 世纪来临之前，它连续 4 次被其他建筑超越。以下是在 1900 年前建成的世界上最高的 5 座建筑。

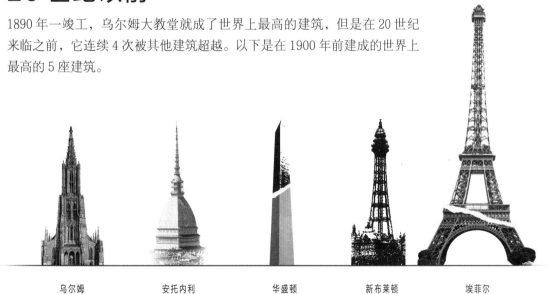

乌尔姆 大教堂	安托内利 尖塔	华盛顿 纪念碑	新布莱顿 双塔	埃菲尔 铁塔
161.5米	167米	169米	173米	300米

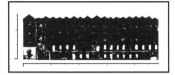

建造时间：
1796—1797 年

高度：
16.2 米

英国什鲁斯伯里

迪瑟灵顿亚麻厂

从表面上看，迪瑟灵顿亚麻厂平平无奇，不过是一座俯瞰着不起眼的什鲁斯伯里郊区的 5 层砖石建筑，但实则深藏不露——作为世界上第一座纯铁制建筑，亚麻厂往往被认为是"摩天大楼的鼻祖"。

18 世纪的亚麻厂极易发生火灾。典型的亚麻厂是砖墙建筑、木制地板、木梁承重，经年累月，建筑被机油浸透。再加上厂里纺织的是易燃纤维，用的是煤油灯，因此，许多工厂一着火就被彻底烧毁也不足为奇。当地工程师查尔斯·贝格试图通过摒弃可燃材料、借鉴工业建筑的设计来找出解决之道。他提出了一项全新的设计，然后在商业伙伴的支持下，建造迪瑟灵顿亚麻厂的工程于 1796 年启动，在 1797 年竣工并投入使用。贝格是那个时代的先驱者，他不仅推动了新型建筑的流行，还创造出了英国建筑史上最重要的建筑。数年之间，什鲁斯伯里的经济迅速发展，越来越多铁架结构的建筑在本地落成。到了 1886 年，这座建筑不再用于纺织亚麻，几年后被改为麦芽厂，从那时开始，它有了更加常用的名字"麦芽作坊"。麦芽厂不需要那么多的自然光，于是 290 扇铁窗中的大部分被拆除，窗口被砖块封住。这座建筑在 1987 年之前都作为麦芽厂使用，但从那之后就被废弃了。

承重墙

和现代摩天大楼不同的是，这座工厂的后砖墙承受了绝
大部分建筑自重。如今，高层建筑通过钢结构将大部分
重量传递到了地面。

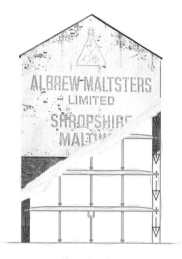

迪瑟灵顿亚麻厂

现代摩天大楼

伟大始于渺小

依照后来的标准，迪瑟灵顿亚麻厂并不算是大型建筑，但其结构所体现出
的理念和原则却在之后迅猛发展。

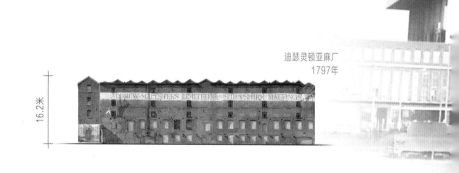

迪瑟灵顿亚麻厂
1797年

16.2米

使用面积

尽管这是当时最大的亚麻厂，但以现在的眼光来看，它的尺寸着实不大。工厂 5 层楼的所有使用面积合起来只有 2880 平方米，仅相当于半个足球场的大小。

53米

11米

沃尔夫斯堡大众工厂
1938年

125米

摩天热潮

从 19 世纪 80 年代到经济大萧条时期的美国

由于评判标准不同，关于哪座建筑才是"第一座摩天大楼"的问题尚无定论。以曼哈顿的公平人寿大厦为例，它是第一座配有电梯的高层办公楼；附近的农产品交易所则采取先进的方式将铁用在它的框架结构中。然而被大众广泛认可的却是芝加哥的家庭保险大楼。这座10层高的建筑采用的钢铁混合框架让它的结构极其坚固，重量仅为同等体量砖石建筑的1/3，这开创了摩天大楼建设的先河。遗憾的是，为了给一家银行让路，这座建筑在1931年被拆毁。

在我看来，哪一座建筑是"第一座摩天大楼"并不重要。建筑的发展充满了细微的设计变化和结构差异，这样如何能有一个确定的"第一"呢？即便是家庭保险大楼，也不是全金属框架——部分底层结构仍属于传统的砖石结构。真正应该盖棺论定的是，摩天大楼热潮究竟是从何时何地开始的，我们现今认可的摩天大楼又发源何处。

最初引领摩天大楼建设风潮的是芝加哥。1871年的芝加哥大火毁坏了这座城市的一大片区域，此后，这片区域被划分成一个个网格状的地块。新的城市建筑条例禁止建造木制建筑，再加上市中心的土地稀缺，由此，让建

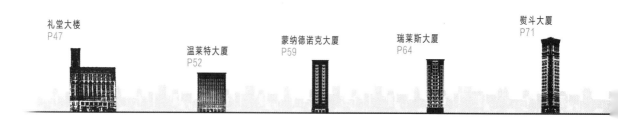

礼堂大楼
P47

温莱特大厦
P52

蒙纳德诺克大厦
P59

瑞莱斯大楼
P64

熨斗大厦
P71

筑向上延展成了可行方案。就是在这样的境况下，芝加哥出现了第一批被称为摩天大楼的高层防火建筑。

美国的经济增长推动了建筑业的发展，城市的人口也在迅猛增长。这一现象在纽约尤为突出。不可思议的是，纽约的人口在1840—1870年间增长了两倍，地价也在19世纪末达到了历史最高。为了获利，开发商别无他法，只得建造出能容纳更多楼层的建筑，在其中塞满办公区和购物区，以榨出土地更大的价值。然而仅到了1892年，纽约的建筑高度就可以与芝加哥相匹敌，可那时候的建筑规范还将砖石建筑定为用于防火的主要结构。与不久以前的寺庙和教堂不同，建筑的高度不再只是权力的象征，更是出于实际的考量。

美国的摩天热潮在1929年华尔街大崩盘后戛然而止，紧随其后的是经济大萧条。随着房地产价格大幅下跌，建筑业全面放缓，许多高层建筑大面积空置，开发商也无力找到更多的租客。直到20世纪50年代（"二战"结束之后）经济复苏，才零星地有摩天大楼重新出现在美国。

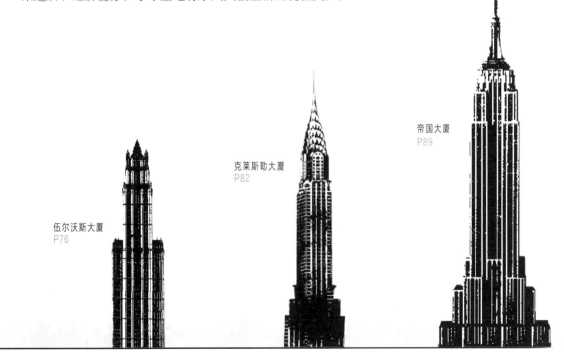

伍尔沃斯大厦
P76

克莱斯勒大厦
P82

帝国大厦
P89

建造时间：
1887—1889 年

高度：
72.6 米

美国芝加哥

礼堂大楼

礼堂大楼肇始于费迪南德·佩克的构想，佩克是一个富有的商人、慈善家，想通过剧院为芝加哥人民带去更多的艺术熏陶。他设想把它打造成最大、最豪华、最昂贵的剧院，同时又让所有人都负担得起门票。为了实现这一构想，他决定在这座建筑中开设商务办公楼和豪华酒店，以补足剧院的入不敷出。佩克向建筑师丹克马尔·阿德勒和路易斯·沙利文求助，这两个人将使他的构想变为现实。

大楼的动工备受瞩目，时任美国总统克利夫兰于 1887 年 10 月 5 日为其奠基，两年后，接任他的哈里森总统为其封顶。自落成起，它便成了芝加哥的最高点、美国最大的建筑，它的设计也被人们啧啧称赞。沙利文和阿德勒出色地赋予了这座复合型建筑和谐之美，在当时，多功能建筑不啻天方夜谭。尽管大楼的规模庞大，但它的形式和结构不足以算得上当代意义上的摩天大楼，但从建造这样一座建筑中吸取的经验和教训确实对未来影响深远。

办公楼的收入无法支持剧院的运营，几十年过去，这座建筑年久失修。到了 1941 年，礼堂大楼不可挽回地破产、关停。存亡之际，芝加哥市政府接管了它。得益于市民的筹款，剧院在 1967 年恢复开放，一直运营到今天。

多功能

礼堂大楼是当时美国最复杂的多功能建筑之一，且有诸多可以炫耀一番的成就。它包含一栋 17 层高的办公楼、一家 10 层高的酒店和一座壮观的剧院，尽管它们共享一座建筑，但各自拥有独立的出入口以保持一定程度的分隔。阿德勒和沙利文也租下了塔楼顶部的两层作为他们的建筑事务所。

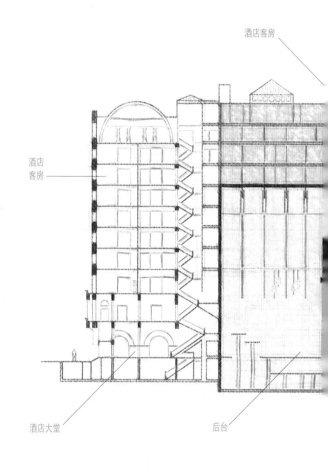

酒店客房

酒店客房
400间

酒店客房

酒店大堂

后台

剧院座位
4237个

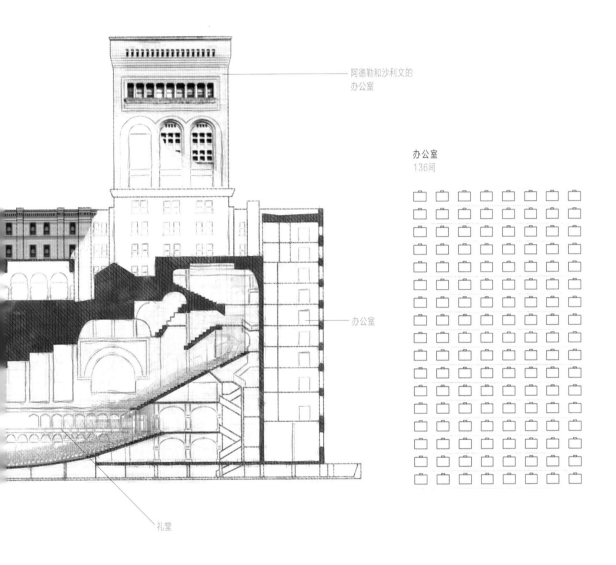

阿德勒和沙利文的
办公室

办公室
136间

办公室

礼堂

重量

礼堂大楼不仅是芝加哥的最高建筑，也是最重的建筑。由于钢框架的使用在当时处于起步阶段，所以建筑师选用了传统的承重砖石墙体，这极大增加了建筑的重量。大楼自重 10 万吨，是不久前建成（1886 年）的自由女神像重量（包括其基座）的 4 倍多。

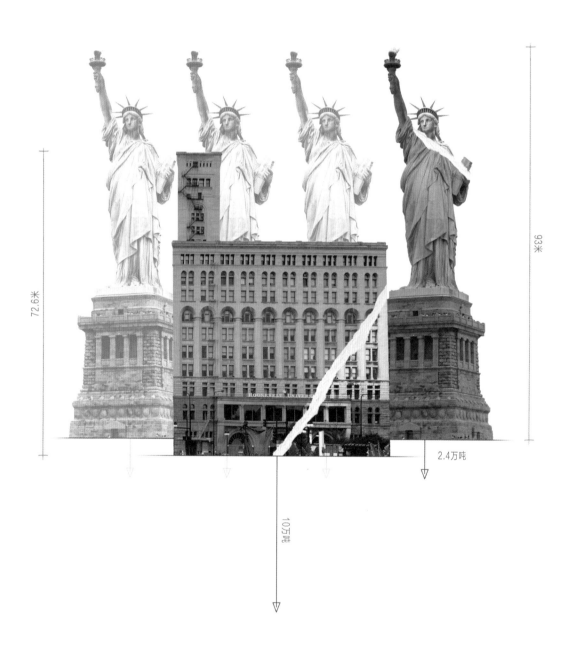

93米

72.6米

2.4万吨

10万吨

平坦的地基

由于芝加哥的土地是软质黏土，没有办法将建筑地基深入到坚固的基岩中，所以必须设计出一种能防止建筑下沉的方案。一套可以分散建筑物的载荷，从而更好地分配压力的系统应运而生。在地面层以下铺设层层的钢轨，让每一层都与下一层垂直，使整体成金字塔形，然后在表面涂满混凝土，如此就能有效地防止建筑下沉或倒塌。

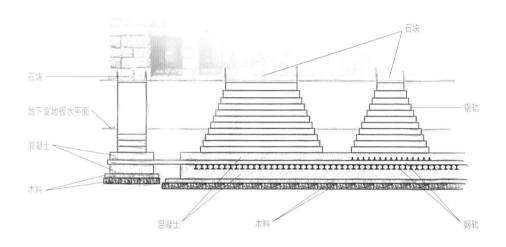

下沉

尽管尽了最大的努力来支撑软土上的建筑，但大楼还是出现了下沉的情况——在翻修完成后的 10 年间，大楼下沉了 75 厘米。在地面层可以明显看出部分地板的沉降坡度。

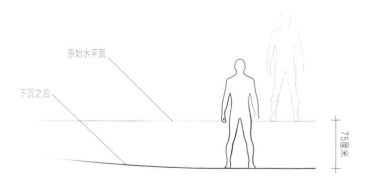

建造时间：
1890—1891 年

高度：
44.8 米

美国圣路易斯

温莱特大厦

和礼堂大楼一样，温莱特大厦也是阿德勒和沙利文的作品，同时是摩天建筑史上的另一座里程碑。虽然并未享有第一座摩天大楼的美誉（这个名号往往安在 1931 年建成的家庭保险大楼上），温莱特大厦却是第一座垂直高度与使用高度一致的建筑，并以此闻名。此前建造高层建筑往往会压低高度，许多建筑采用了不合适的老旧样式，以凸出的水平带把建筑分成几个部分，看起来像是一层层垒起来似的。相比之下，温莱特大厦的主体部分以垂直的棱柱为特色，这些柱子从底部一直向上延伸，几乎到达顶端，仿佛产生了一种被拉伸的视觉效果。

这座大厦是受圣路易斯酿酒公司总裁埃利斯·温莱特的委托而建的，大厦的名字也由此而来。温莱特需要一个办公空间来管理他的生意，而他在市里恰好有一块土地可以用于建造。礼堂大楼大获成功之后，阿德勒和沙利文声名鹊起，温莱特也慕名而来。二人的建筑方案深得温莱特青睐，他们得到批准可以放手去设计这座将成为圣路易斯市第一座钢结构的建筑，这座大厦也将成为世界上最早的真正意义上的摩天大楼之一。该项工程于 1890 年动工，第 2 年便落成。

温莱特大厦

Wainwright
State Office Building

形式追随功能

沙利文推崇"形式追随功能",即建筑外观要体现内部结构。在使用垂直钢骨作支撑的高层建筑中,比如说温莱特大厦,沙利文的建筑理念就是要让建筑有更好的视觉延展效果,显得更高耸。为实现这个目标,沙利文把窗户设计成凹进砖砌柱子的形式来减少水平元素的影响。建筑本身的"三段式"也与功能相对应:底下两层对公众开放;办公区设在有垂直棱柱的部分;顶层则迥然不同,四周被层叠的叶形涡卷纹样环绕,形成一个个圆形窗口,遮挡着维修设备。

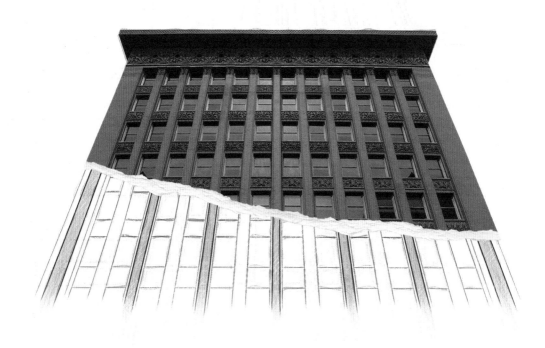

温莱特大厦并没有完全贯彻沙利文的"形式追随功能"原则。建筑的外形可能让人以为每个垂直棱柱后面都有结构部件,但事实并非如此,承重钢骨仅仅分布在角落里,而且是每两根棱柱后只有一根钢骨。

三段式

阿德勒和沙利文的设计是三段式的（换句话说，是由三部分组成的），与古典主义立柱颇为相似，都有一个底座、一个柱身和一个俗称柱头的顶部。

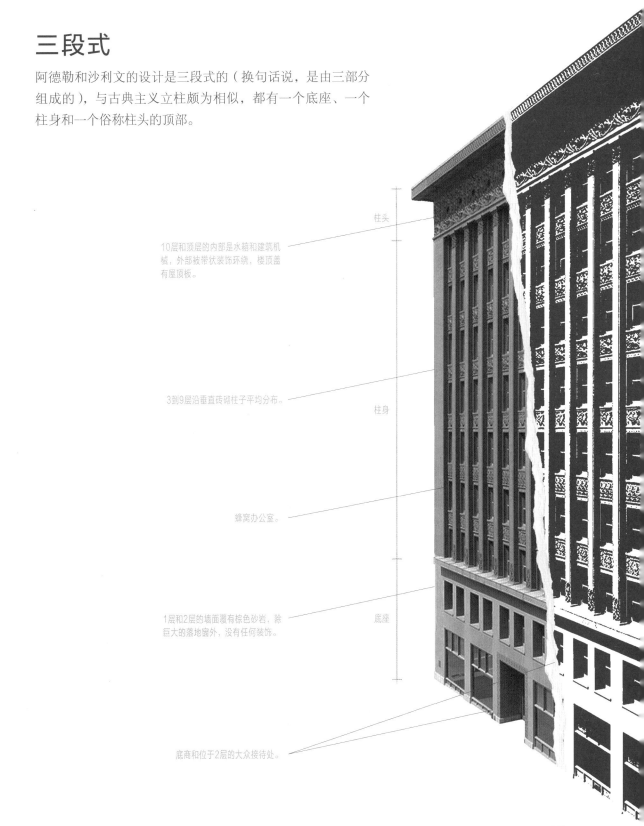

柱头

10层和顶层的内部是水箱和建筑机械，外部被带状装饰环绕，楼顶盖有屋顶板。

3到9层沿垂直砖砌柱子平均分布。

柱身

蜂窝办公室。

1层和2层的墙面覆有棕色砂岩，除巨大的落地窗外，没有任何装饰。

底座

底商和位于2层的大众接待处。

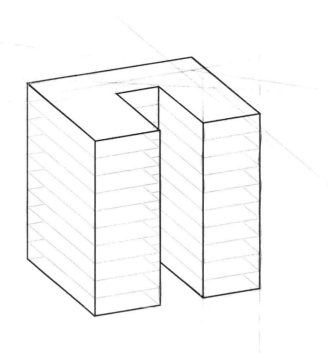

良好采光

站在温莱特大厦对面的街道看向它，整座大厦看起来像是一个大而坚固的石块。实际上，这座大厦是"U"形的，三面包裹着一个中庭。相比一个完整的立方体，中庭能让建筑内部接收到更多的光线，这种设计就叫"天井"。

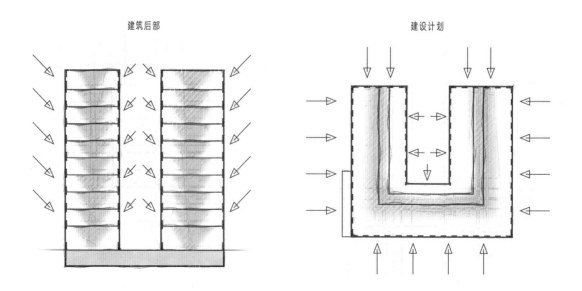

建筑后部　　　　　　　　　　　　　　　　建设计划

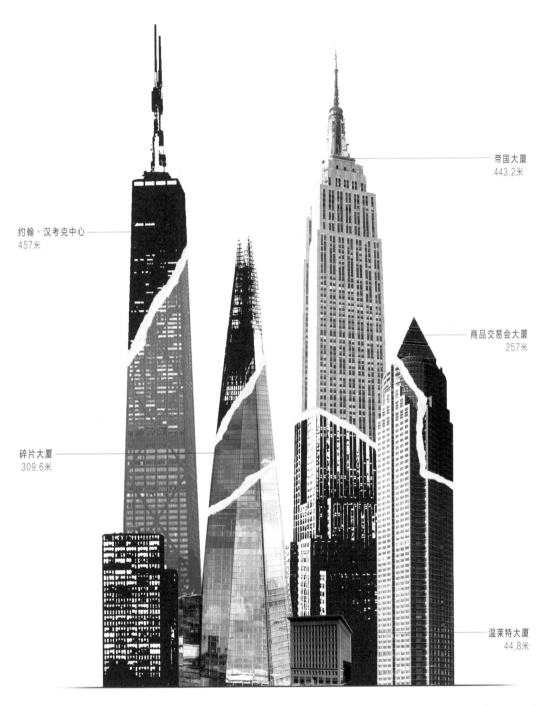

温莱特大厦

约翰·汉考克中心
457米

帝国大厦
443.2米

碎片大厦
309.6米

商品交易会大厦
257米

温莱特大厦
44.8米

先行者

虽然这座仅 10 层高的建筑在现代摩天大楼面前显得相
形见绌，但重要的是要记住，凡事皆有开端。

摩天热潮

建造时间：
1889—1893 年

高度：
60.1 米

美国芝加哥

蒙纳德诺克大厦

蒙纳德诺克大厦是处在两个建筑时代风口浪尖上的一个异类。使用敦实的承重墙，无疑是对传统的回顾，它也确实曾被认为是"最后一座砖石大楼"。然而，就其对钢材的使用，以及在建成后作为当时世界上最大的办公楼来说，它无疑又是着眼于未来的。

1871 年的芝加哥大火焚毁了 5 平方千米的城市土地，房地产开发商彼得·布鲁克斯买下了一批战略性土地，其中之一是一块相当狭窄的（21 米 ×61 米）土地。他委托当时芝加哥最负声望的伯纳姆和鲁特建筑公司为他设计一座办公楼。他明确提出要求：建筑的线条要简洁且表面不能有凸起，以免沉积灰尘；功用设计是重中之重。这个理念基本被贯彻到设计的最后，尽管布鲁克斯的凸窗建议也被采用了，因为凸窗可以将租用空间最大化。整座大厦唯一有装饰意味的地方可能就是轻微向外张开的顶部了。在高层建筑上采用极简主义设计在当时是十分超前的，它暗示了几十年后建筑物外墙会是什么样子。这座 17 层高的建筑在 1889 年获批动工，于 1891 年竣工。

蒙纳德诺克大厦大获成功，以至于彼得的哥哥谢泼德·布鲁克斯把附近的土地也买了下来。他本打算在旧楼的南边复制蒙纳德诺克大厦的风格，但由于启用了不同的设计师且削减了费用，南区最后建成的是一座完全不同的大楼。新楼于 1893 年落成，在承重上更依赖钢框架，但外观深受新古典主义的影响，显得更为传统。

砖墙厚度: 0.45米

砖墙厚度: 1.8米

地面层

钢轨和混凝土网格

地下室

3.4米

砖墙的极限

由于必须支撑庞大的建筑材料,所以地面层的墙体格外厚。在采用砖墙承重的情况下,建筑越高,底层建筑的可租用空间就会被压缩得越多。墙的厚度随着建筑高度的增加而减少,因为更高的楼层对墙的作用力要更小。

高层

低层

界限之外

蒙纳德诺克大厦的地基与礼堂大楼的类似,这种地基通过将建筑物的重量分散到更大的区域来发挥作用。在这种情况下,我们可以看到蒙纳德诺克大厦的地基远远超出建筑的占地区域,甚至延伸到了附近的街区。

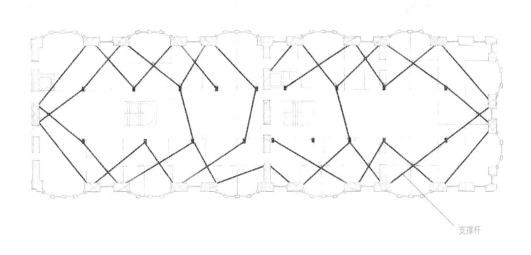

支撑杆

抗风支撑

由于铸铁固有的无法与材料紧密连接的缺陷，所以，使用了铸铁的建筑要依靠厚重的砖石墙来防止它们在风中晃动。蒙纳德诺克大厦建造于钢材生产取得了巨大进步的年代，所以钢材被纳入设计之中。建筑师可以利用钢材制造出能把各支柱支撑点连接起来的、精准匹配的支架，这样便能保护那些可能因为压力而变形的铁制部分。

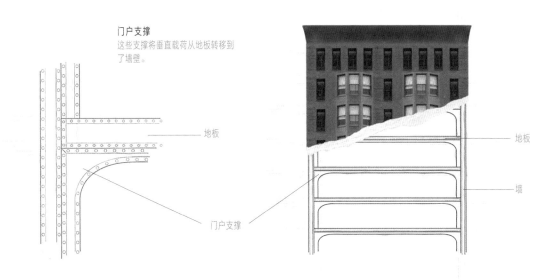

门户支撑
这些支撑将垂直载荷从地板转移到了墙壁。

地板

门户支撑

地板

墙

两段式建筑

大厦北半部的主建筑师之一鲁特在项目结束前意外身亡。霍拉伯德和罗奇建筑事务所受邀设计大楼的南半部，他们成功复制了北面的建筑。这样的建造方式使南、北两部分共用一个地下室，每一层都互相连接，只有 17 层除外。南半部可用于出租，北半部则是阁楼。

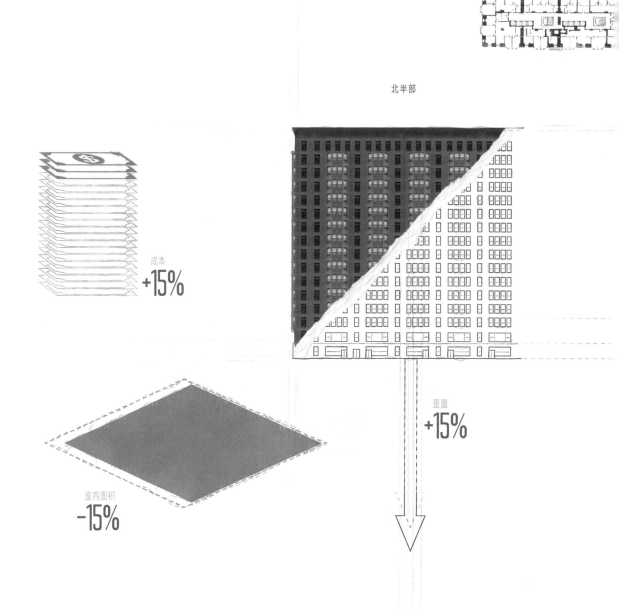

北半部

成本
+15%

重量
+15%

室内面积
-15%

15%

蒙纳德诺克大厦的南半部更多地依赖钢框架承重，建造过程中所需石材更少，由此产生了巨大的影响。南半部的成本降低了15%，重量减少了15%，可租用空间却又增加了15%。

南半部

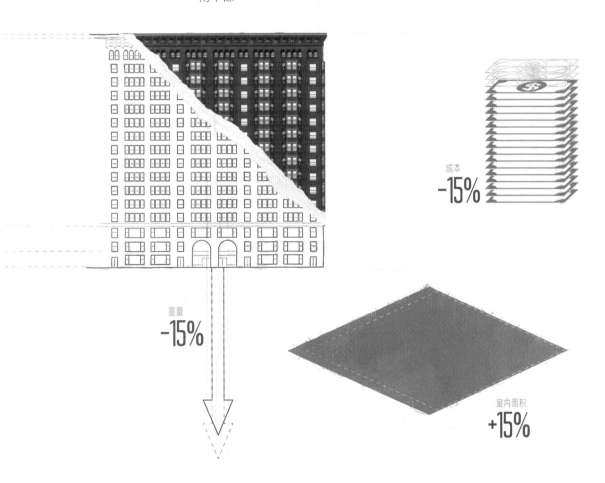

成本
-15%

重量
-15%

室内面积
+15%

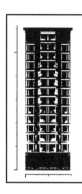

建造时间：
1890—1895 年

高度：
61.5 米

美国芝加哥

瑞莱斯大厦

瑞莱斯大厦的著名之处在于，它是世界上第一座使用玻璃作为外墙主体的摩天大楼。这种形式在当时十分独特，但之后成了 20 世纪高层建筑的流行外观。

和蒙纳德诺克大厦一样，瑞莱斯大厦也是芝加哥大火后房地产热潮的产物。一个叫威廉·哈尔的人——准确地说，他不是地产商而是电梯商人——买下了一块土地，希望在那里建造一栋与众不同的大楼。问题在于，建址上本来有一座 4 层办公楼，而且有的租户并不愿意搬迁。但哈尔心意已决，工程推进不误。因此，他委托伯纳姆和鲁特建筑公司的鲁特来设计底层和地下室。与此同时，留下的租户依然住在上面的 3 层。极其不可思议的是，他后来竟然同意使用螺旋千斤顶来支撑还有住户的楼层，然后拆除了底层。工程将在上空还"悬挂"着租户

的地基之上进行！到了 1894 年，上层租约到期，大楼主体工程重新启动。其余的 14 层在第 2 年建造完成，只是因为鲁特意外身故，所以这时候采用的是查尔斯·阿特伍德的设计。

巨大的窗户是瑞莱斯大厦的设计精髓，它们让办公室能沐浴在充沛的自然光中。对需要良好采光用于检查而租用了更高楼层的医生办公室来说，这一点尤其重要。另外，大厦外墙表面的白色陶板也有利于给病人留下卫生干净的印象。人们认为这些带釉陶板从来不需要清洗，因为它们的表面十分光滑，以至于一场雨就能将污秽冲刷得干干净净。遗憾的是，这种设想并无根据。

幕墙

和此前的蒙纳德诺克大厦不同，瑞莱斯大厦的外墙并不承重。相反，这一层交错相扣的外墙连接在钢框架的外部，只支撑自身的重量，不支撑建筑的重量。这种类型的墙被称为幕墙，此前也被使用过，但如此大规模地使用却是前所未有的，英国利物浦的奥利尔会议厅（1864 年）是第一座使用金属幕墙的建筑，但它的规模要小得多，只有 5 层高，并且不带电梯。

瑞莱斯大厦幕墙

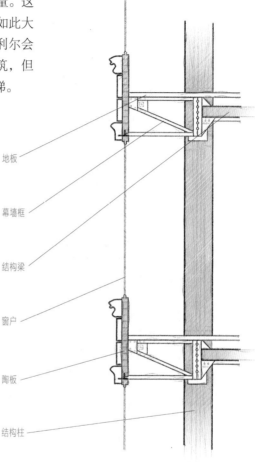

地板

幕墙框

结构梁

窗户

陶板

结构柱

现代化的幕墙

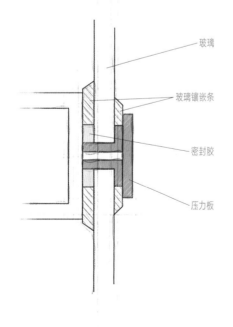

玻璃

玻璃镶嵌条

密封胶

压力板

瑞莱斯大厦的幕墙由整齐排列的玻璃组成，玻璃之间用窄长的陶板连接，光线可以穿透幕墙进入室内。多年来，随着科技的日新月异，不同风格的幕墙纷纷涌现。许多现代建筑仅从外部已经很难看到砖石或钢框架的影子，因为配件越先进意味着玻璃板的接合越自然。

芝加哥式窗户

芝加哥之窗

那些在 20 世纪即将开始前涌现在芝加哥的建筑，都属于大名鼎鼎的"芝加哥建筑学派"。"芝加哥之窗"是"芝加哥学派"的代名词之一，它在瑞莱斯大厦上体现得尤为突出。芝加哥之窗由一大块固定的中央玻璃板和垂列在两侧的、可开启的细长窗户组成。这些窗户通常以网格的形式排布，瑞莱斯大厦的窗柱还会向外凸出形成飘窗，这样的设计对室内通风和采光均有裨益。

瑞莱斯大厦的飘窗

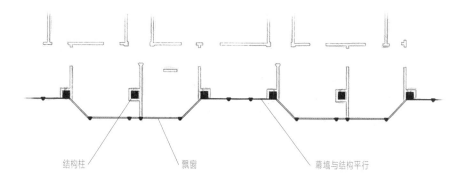

结构柱　　　　　　飘窗　　　　　　　幕墙与结构平行

玻璃多过实墙

作为第一座在立面上使用玻璃多过其他材料的建筑，瑞莱斯大厦的这一设计无疑是超前的。从下图可以看出大厦表面玻璃和陶板的比例。

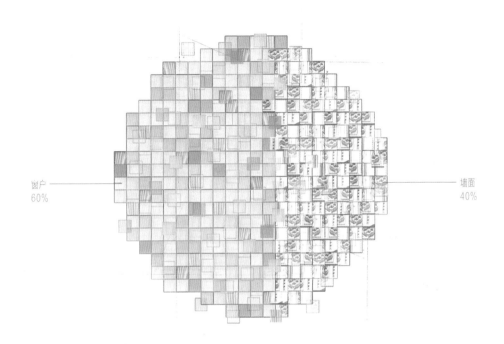

窗户
60%

墙面
40%

钢制远超石制

最后一个租户搬走后，剩下的 14 层终于可以动工了。钢结构只用了 12 周就搭建完毕，如果使用传统砖石来建造，那么对应的速度将是难以想象的。

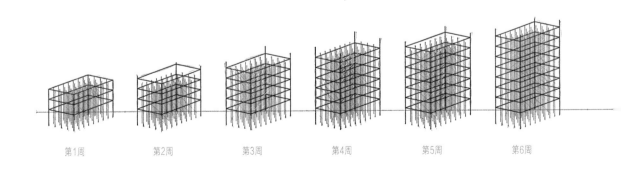

第1周　　　第2周　　　第3周　　　第4周　　　第5周　　　第6周

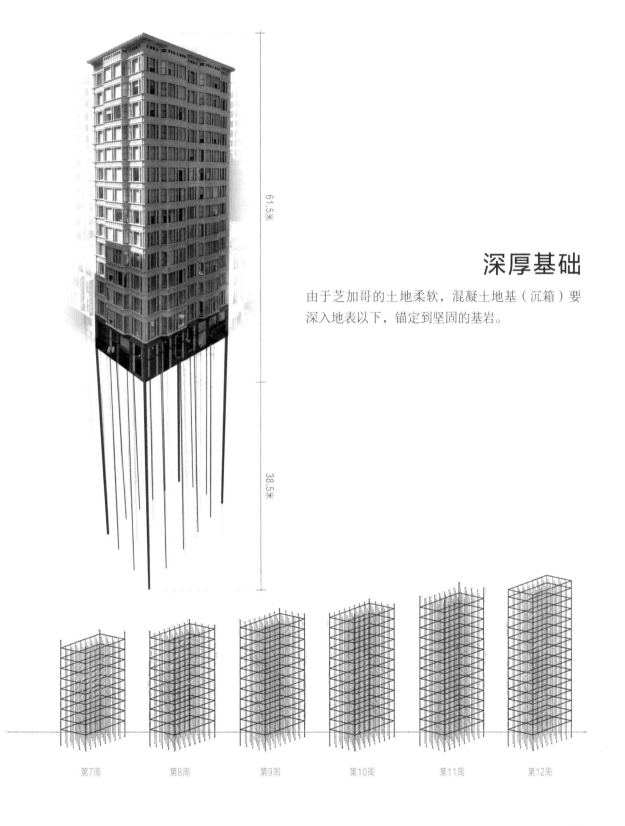

61.5米

38.5米

深厚基础

由于芝加哥的土地柔软，混凝土地基（沉箱）要深入地表以下，锚定到坚固的基岩。

第7周　　第8周　　第9周　　第10周　　第11周　　第12周

摩天热潮

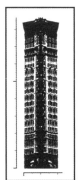

建造时间：
1901—1902 年

高度：
86.9 米

美国纽约

熨斗大厦

作为纽约现存最古老、最具标志性的摩天大楼之一,熨斗大厦鹤立鸡群般的造型让人难以忘记。它高耸而纤细、超前于时代,以至于当时的纽约人都打赌这座大楼什么时候会被风刮倒。

1899 年,财力雄厚的富勒公司的哈利·布莱克买下了这块三角形土地,计划在这里建立新的公司总部。工地上原有的一座 7 层旅馆和几座更小的商业楼都要被拆除。布莱克认为这块土地的价值远远没有被开发出来,尤其是在当时建筑法已经放宽对钢框架建筑的要求的情况下,更别提纽约人口爆炸性的增长,只会让物价水涨船高。他请来建筑师丹尼尔·伯纳姆——因在芝加哥的作品而风头正劲——为这块非常规的土地制订方案。

应布莱克要在底层设立购物空间以增加收入的强烈要求,建筑师草拟了数个方案。布莱克提议再次使用伯纳姆在芝加哥用过的三段式设计,但建筑师本人并不赞同这一构想,他认为这会打破建筑顶部和底部的对称性,但布莱克坚持如此。

待到 1902 年落成之时,这座 20 层高的建筑是当时世界上最高的办公楼。与众不同的是,这还是世界上首座独立式的摩天大楼,此前所有的高层建筑要么是有一个庞大的宫殿式结构,要么就是和相邻建筑共用至少一面墙。熨斗大厦建成后的第 3 年,又加盖了 1 层,成了有 21 层地上楼层的建筑,这一高度维持至今。

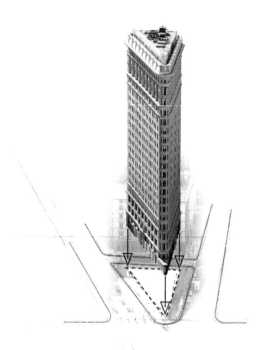

熨斗形地面

大厦建成之前，这个地块就以"熨斗"形为当地人熟知。大楼原先叫富勒大楼，是取自富勒公司创始人的名字乔治·A.富勒，但因为人们总是叫它"熨斗大厦"，大厦也就正式更改了名字。

角度殊异

由于形状特殊，从不同的角度看过去，大厦会呈现出迥然不同的样子。

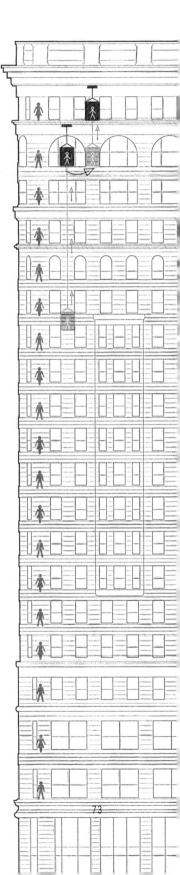

室内特点

由于设计上的疏忽，每层只配备了一个卫生间，也就是说，男女卫生间位于交替的楼层。另外，如果想到顶层去，你必须先坐电梯到 20 层，再换乘其他电梯到 21 层。这是因为加盖最后一层的时间要比先前的 20 层晚得多。

立面

尽管熨斗大厦采用的经典三段式和温莱特大厦十分相似，但它的装饰程度远高于同期的其他高层建筑。它的装饰陶板上刻有法国和意大利文艺复兴时期风格的花卉、花环以及美杜莎头像。

10.6米

出乎意料地坚固

虽然人们并不看好这座新楼，也质疑如此狭窄的地基能否承重，但它一直稳稳地矗立着。钢支撑的设计可使大厦抵挡住 4 倍于它能承受的最大风力。

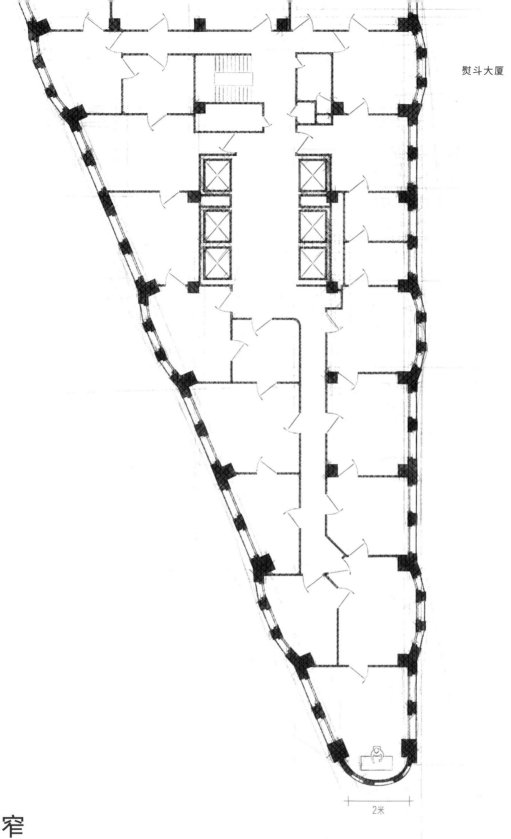

熨斗大厦

2米

狭窄

熨斗大厦的尖端不过 2 米宽。

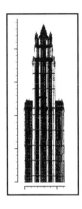

建造时间：
1910—1913 年

高度：
241.4 米

美国纽约

伍尔沃斯大厦

20 世纪的头几年，摩天大楼如雨后春笋般在纽约遍地开花，野心勃勃的企业家和才华横溢的建筑师对此功不可没。对许多人来说，这些充满未来气息的建筑令人惊叹；但也有人担心这些建筑带来的变化未必无害。总有一天街道会变得暗无天日，公共交通会壅塞难行，商业区会吞噬外围的居民区，出于以上这些担心，市政部门开始限制新建筑的规模。伍尔沃斯大厦就是在这样的形势下诞生的。

弗兰克·伍尔沃斯委托建筑师卡斯·吉尔伯特为自己创办的同名公司设计总部。最初的计划是建造一座 130 米高的大厦，但由于新的法规尚未被正式颁布，计划被迅速改为设计一座 241 米高的庞然大物。因为是独立出资，无须任何投资，伍尔沃斯在设计和建造上有着非同一般的自由。事实上，之所以采用新哥特式的建筑是源于他的一个梦，在梦中，他是伟大中世纪商人的后代。选择这样的外形也有助于安抚异见者，他们认为现代摩天大楼带来的冲击将有损城市的历史底蕴。

1913 年，这座当时最高的建筑落成，时任美国总统伍德罗·威尔逊在华盛顿按下开关，打开了大厦的泛光灯，这是一次史无前例的创新。在仪式上，牧师帕克斯·卡德曼将这座建筑誉为"商业大教堂"，这也是最适合伍尔沃斯大厦的昵称。

伍尔沃斯大厦

强度与地基

风力作用决定了大楼的钢框架设计。塔楼的高层使用"K"形的角撑；钢拱，也就是门式支撑，牢牢地连接中部楼层的柱子；而"V"形的中心支撑可以加强塔座的稳定性。

地基平面图

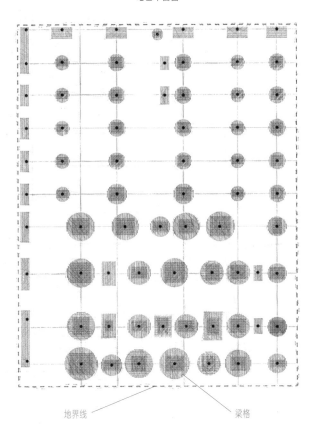

角撑

门式支撑

"V"形支撑

35米

地界线　　　　　　　　梁格

为了锚定建筑，69 个气压沉箱被嵌进基岩。每个沉箱上放有一个交叉式钢梁组成的"梁格"，这也有助于分散巨大的载荷。

哥特式装饰

虽然和熨斗大厦一样，伍尔沃斯大厦也是独立式大楼，但从美学角度讲，伍尔沃斯大厦更接近哥特式，而不是古典式。从很多方面来看，这样的分类更为合适。因为哥特式风格是从中世纪的小教堂和高耸的主座教堂演变而来的，是更为"垂直"的建筑形式。

曼哈顿银行信托大厦
282.6米

伍尔沃斯大厦
241.4米

大都会人寿保险公司大楼
213.4米

乌尔姆大教堂
161.5米

世界至高建筑

自落成之日起，伍尔沃斯大厦就超过大都会人寿保险公司大楼，成了世界上最高的建筑。它持有这个头衔长达 17 年，直到 1930 年被曼哈顿银行信托大厦超越。

总建筑面积

建成之时，伍尔沃斯大厦拥有的总建筑面积超过世界上任何一座办公楼。
后来，这个名号被五角大楼摘走。

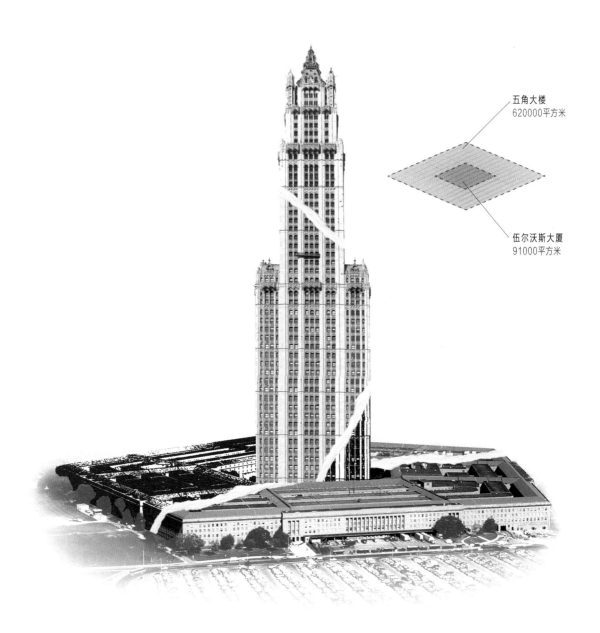

五角大楼
620000平方米

伍尔沃斯大厦
91000平方米

锥形轴

电梯井略呈锥形，越接近底部越窄。这样做的好处在于，当电梯自由落体时，电梯箱底部的气压会增强，形成的空气垫能防止下降速度过快。据说在大楼正式启用之前，曾用空箱做过实验。

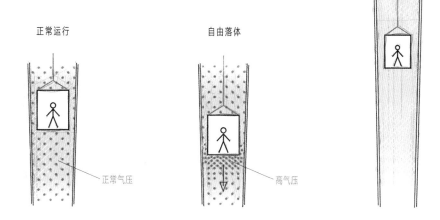

正常运行　　　　　　自由落体

正常气压　　　　　　高气压

高科技电梯

伍尔沃斯大厦配有新式高速电梯，没有它们，这座大厦就不可能建成。当时的绝大多数电梯仍然是液压驱动的，且效率低下。新式电梯的运行速度可达 12.8 千米／时，与现在的电梯不相上下。

12.8千米/时

曼哈顿步行街

5千米/时

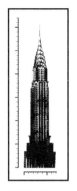

建造时间：
1928—1930 年

高度：
319 米

美国纽约

克莱斯勒大厦

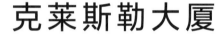

克莱斯勒大厦是纽约最奇特的地标之一，是汽车时代的装饰艺术建筑的经典例子。彼时，纽约的商业蓬勃发展，建筑技术突飞猛进，推动了一场建造更高建筑的竞赛。

如果一切按照计划进行，那么克莱斯勒企业的创始人、汽车巨贾沃尔特·P.克莱斯勒是不会染指这块地产的。这块地原属于开发商威廉·H.雷诺兹，他和建筑师威廉·凡·艾伦计划在邻近纽约中央车站的位置建造一座 206 米高的大楼。天不遂人愿，雷诺兹资金告缺，克莱斯勒便介入，在 1928 年 10 月买下了该土地和项目。

克莱斯勒继续跟凡·艾伦合作，要求他重新设计，增加更多的楼层，让建筑高度达到 282 米。凡·艾伦跃跃欲试，不仅是出于对声望的渴求，更因为这能使他的作品和同期建造的曼哈顿银行大楼一争高低。从私人层面来说，这件事对凡·艾伦意义非凡，因为曼哈顿公司大楼的设计者正是他的前合伙人 H.克雷格·赛佛伦斯，两人当时刚刚不太愉快地分道扬镳。

克莱斯勒要求重新设计的内容还包括在建筑外观上体现克莱斯勒汽车的视觉元素。他还要求在顶层设立奢华的办公室

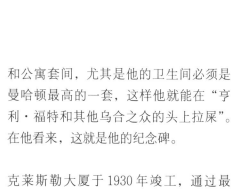

和公寓套间，尤其是他的卫生间必须是曼哈顿最高的一套，这样他就能在"亨利·福特和其他乌合之众的头上拉屎"。在他看来，这就是他的纪念碑。

克莱斯勒大厦于 1930 年竣工，通过最后一些时间的调整，傲视了所有高楼大厦，即便好景不长。自建成之日起至 20 世纪 50 年代中期，这座大厦都被用作公司的总部，但它并不是公司资产。整个项目的所有开支都由克莱斯勒自掏腰包，因此总有一天，他的儿子将会继承这块地产。

秘密尖顶

施工期间，曼哈顿银行信托大厦（也就是现在的华尔街 40 号楼）中途更改了建造计划，即要加高尖顶。这样一来，它就会比计划好的克莱斯勒大厦整整高出 26 米。

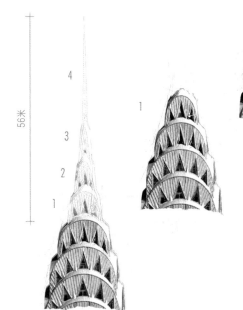

凡·艾伦和克莱斯勒自然不甘示弱，他们得到了建造 56 米高的尖塔的许可，便替换了原定的屋顶。这座尖顶是在建筑内部秘密建造的，直到 1929 年 10 月 23 日，它才被安置妥当，那一刻着实出人意料。固定尖顶的 4 个部分只用了 90 分钟，凡·艾伦和克莱斯勒在最后一刻把对手的希望撞得粉碎。

施工速度

到 1929 年 1 月底，大楼的地基已经挖掘完成，现场施工快马加鞭地开始了。第一批钢梁在 3 月底安装完成，在分秒必争精神的指引下，施工速度快到令人咋舌。同年 9 月钢框架就全部完成，平均每周盖 4 层。更罕见的是，在钢结构施工过程中没有发生一起严重事故，这足够让克莱斯勒引以为傲。

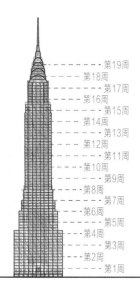

人力

为了保持巨型建筑的施工速度，物料和劳动力都需要精密安排才能防止工期延误。巅峰时期，同时有 3000 人在工地上建造克莱斯勒大厦。

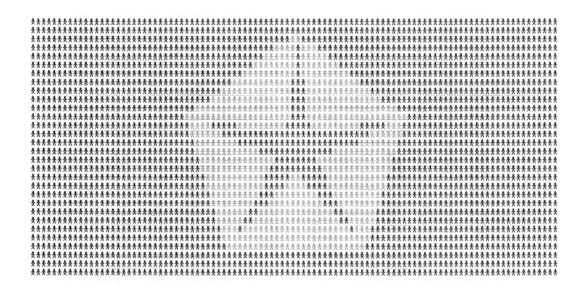

319米

300米

世界最高建筑

建成后，克莱斯勒大厦不仅超过曼哈顿银行信托大厦成为世界最高建筑，它还超过了埃菲尔铁塔（不包括天线），虽然只有19米。埃菲尔铁塔保持世界最高建筑的纪录长达42年，而克莱斯勒大厦只有昙花一现的11个月，全因后来居上的帝国大厦。但是，克莱斯勒大厦有一个谁都夺不走的荣誉——史上第一座高度超过1000英尺（约305米）的建筑。而且直到今天，它依然保留着世界最高钢支撑砖砌建筑的称号。

装饰

为了致敬沃尔特·克莱斯勒的汽车公司，大厦使用了许多汽车相关的装饰。

尖顶下方凸出的鹰形石像模仿的是汽车引擎盖的装饰品。

建筑墙隅的装饰类似克莱斯勒汽车的散热器盖子。

轮毂罩体现在外墙的装饰上。

建造时间：
1930—1931 年

高度：
443.2 米

美国纽约

帝国大厦

帝国大厦是美国经济大萧条前建筑成就的巅峰。它耸入云霄近 500 米，凌驾于纽约所有的高楼之上，成为世界上最高的建筑——建成后的 40 年内，无可撼动。

20 世纪 20 年代末期，原华尔道夫·埃斯托里亚酒店所在的地块被一家叫作帝国的创业公司收购。其中一位投资人约翰·J.拉斯科布因对建筑师威廉·F.兰布提出建造帝国大厦的想法而受到赞誉。据传，拉斯科布在和兰布交谈时把玩着一支特大铅笔，他竖起铅笔，对兰布说："比尔，你能把它弄得多高才不会让它倒下去？"这便是帝国大厦诞生的趣闻。方案很快就做好了——兰布以雷诺兹大楼（兰布公司新近完成的项目）为基础绘制了草图，他们只用两周就上交了方案。拉斯科布虽然很喜欢这个设计，但还是让他们修改，之后一改再改，每次修改都在增加更多的楼层，建筑的高度也不断增加，直到远超过他们强劲的竞争对手——克莱斯勒大厦。事实上，在看穿克莱斯勒用尖顶拉升高度的"诡计"后，拉斯科布就希望能稳操胜券，以防克莱斯勒故技重演。最终方案一敲定，工程迅速开工，工地的挖掘工作开始于 1930 年 1 月，钢框架的搭建更是快得不可思议。1931 年 4 月 11 日，结构就完工了，远早于日程安排，还控制住了成本。

由于经济大萧条的影响，在很长一段时间里没有任何人试图挑战帝国大厦。实际也是因为经济不景气，才使得施工成本低于预期。工程开始后不久，美国市场崩溃，工资达到历史最低点，从短期来看，这确实是有好处的。然而不幸的是，受财务状况影响，大厦长期空置，直到 20 世纪 50 年代中期才开始盈利。

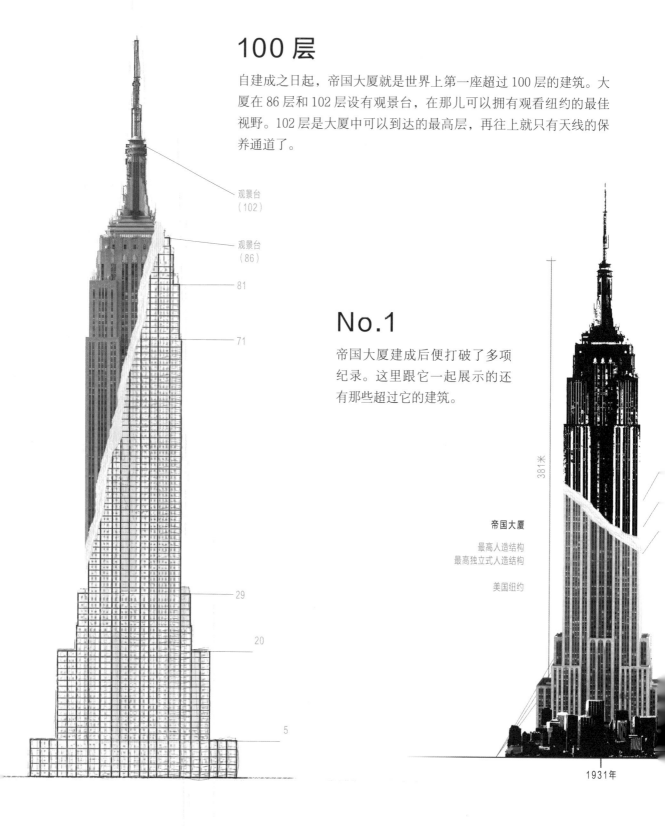

100 层

自建成之日起，帝国大厦就是世界上第一座超过 100 层的建筑。大厦在 86 层和 102 层设有观景台，在那儿可以拥有观看纽约的最佳视野。102 层是大厦中可以到达的最高层，再往上就只有天线的保养通道了。

观景台
（102）

观景台
（86）

81

71

No.1

帝国大厦建成后便打破了多项纪录。这里跟它一起展示的还有那些超过它的建筑。

29

20

5

381米

帝国大厦

最高人造结构
最高独立式人造结构

美国纽约

1931年

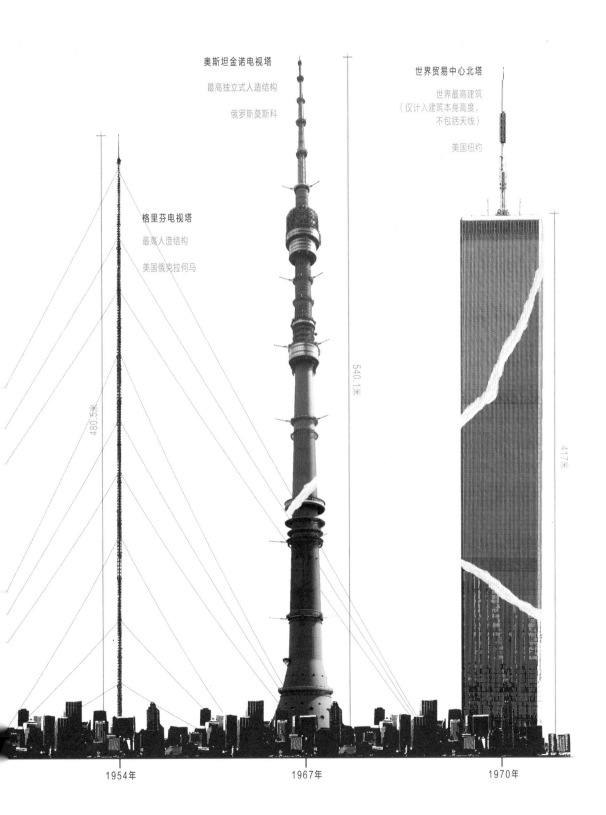

奥斯坦金诺电视塔

最高独立式人造结构

俄罗斯莫斯科

格里芬电视塔

最高人造结构

美国俄克拉何马

世界贸易中心北塔

世界最高建筑
（仅计入建筑本身高度，
不包括天线）

美国纽约

480.5米

540.1米

417米

1954年

1967年

1970年

61米

飞艇停泊站

大厦所有者一开始想让这个标新立异的"系泊桅杆"作为飞艇的停泊站。在当时,飞艇被认为是横跨大西洋交通的未来,停泊在世界最具标志性的建筑之上的构想极具吸引力。1931 年 9 月,一艘小型海军飞艇首次尝试停靠,但由于突如其来的大风,飞艇在被困数分钟后,不得不中止停降尝试。之后,人们认为这个主意太过危险,便再没做过尝试。

63米

天线

左页显示的是大厦建成时的屋顶样式，停泊站顶端的高度达到了 381 米。到了 1953 年，在顶端安装了广播天线，其整体结构的高度达到了 443.2 米。

换灯

起初，大厦屋顶只装了 1 个简单的白炽探照灯，1956年又增加了 3 个。这种情况在 1976 年起了变化，帝国大厦楼顶的灯变得五彩缤纷，并开始了以不同颜色纪念不同节日、事件和特殊场合的传统。系统在 2012年升级成 LED（发光二极管）灯，这些灯能显示 1600万种颜色，还能瞬间变化。图示的红色、白色和蓝色是在纪念美国总统日。

走向全球

20 世纪世界各地的高层建筑

尽管摩天大楼在 20 世纪初以惊人的速度在美国兴起，但其他地区的景象却大不相同。当时正值美国的大规模移民潮，这迫使城市地价飞涨，以至于摩天大楼成了唯一明智的选择。在此期间，世界其他地区的情况并非如此，至少没有达到同等程度。

1898 年，欧洲的第一座高层建筑在荷兰鹿特丹出现——白宫（Witte Huis）曾经是一座 10 层的办公楼，建造的原因不是出于需要，而是建筑师受到了在纽约旅行期间看到的高层建筑的启发。这座楼虽然也用了一些钢铁框架，但主要还是依靠砖石承重，因此，相比于 1911 年建成的利物浦皇家利物大厦，它更加寂寂无名。皇家利物大厦在建材支出和结构技术上更像是一座摩天大楼，但也没有超过 100 米。欧洲城市显然是不畏惧高楼大厦的，诸多高耸的教堂就是明证，但它们却在摩天大楼前集体噤声了。事实上，到了 1950 年，美国就有了 200 座超过 100 米的建筑，加拿大和南美洲也零星

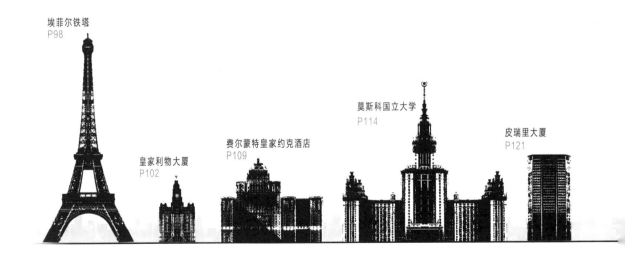

埃菲尔铁塔
P98

皇家利物大厦
P102

费尔蒙特皇家约克酒店
P109

莫斯科国立大学
P114

皮瑞里大厦
P121

出现了一些，而欧洲只有一座。直到第二次世界大战之后，当经济开始复苏，欧洲才开始建造高层建筑。

20 世纪 60 年代，在钢筋混凝土已经大行其道近 50 年后，另一次科学飞跃才将摩天大楼推向了一个新的时代。计算机技术的到来意味着建筑师得到了一个重要工具来提升他们的手艺。计算机辅助建筑设计（CAAD）极大地简化了设计过程：蓝图不需要手绘了，烦琐复杂的计算可以在短时间内完成，建材利用率更高——所有的一切都有利于减少时间和物质的投入。再加上正在开发的更强韧的材料，10 年前不可能实现的结构在如今触手可及。

对 20 世纪末期的许多人来说，第二次世界大战已经成了遥远的故事，世界经济在整体上表现得更为强劲。高层建筑开始成为寰宇陆地的普遍景观。

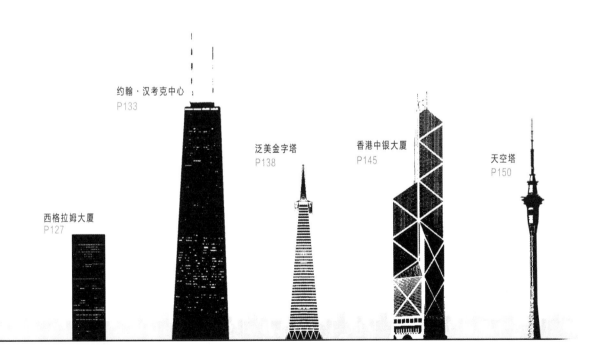

约翰·汉考克中心
P133

泛美金字塔
P138

香港中银大厦
P145

天空塔
P150

西格拉姆大厦
P127

埃菲尔铁塔

从结构上讲，埃菲尔铁塔算不上是摩天大楼，因为它没有外墙，楼层也很少，但是考虑到它的高度和铁结构，这个建筑绝对是一个非常的存在。落成之日，埃菲尔铁塔以 300 米的高度成为世界上最高的人造结构——后在 1957 年增加了广播天线才达到如今的高度。一开始埃菲尔铁塔只是被当作临时"展品"，当市政府意识到它对无线电通信的作用时，才让它免遭拆除。

1889 年，巴黎通过主办世界博览会来展现各国的成就。作为主办国，法国政府迫切希望给世人留下深刻印象。为了让这个国家最聪明的人都参与进来，他们举办了一场关于博览会核心部分设计的公开竞赛。其中有一条规定是，这座建筑物要易于拆除，因为计划只打算让它在那儿待 20

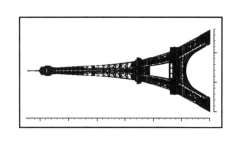

建造时间：
1887—1889 年

高度：
324 米

法国巴黎

年。1886 年 6 月，一项由古斯塔夫·埃菲尔和他的工程师团队设计的作品在所有参赛作品中脱颖而出，其他的那些作品，要么概念太模糊，要么过于不切实际。尽管人们通常把埃菲尔铁塔的全部功劳都归到埃菲尔身上，但铁塔的最初的构思和随后的许多再设计都来自他的雇员莫里斯·克什兰。

工程于 1887 年 1 月启动，所有主要的结构工程在 1889 年 3 月底完成。由于政府只提供了不到铁塔建造成本 1/4 的补贴，埃菲尔自己承担了大部分由埃菲尔的公司支付，其余款项都由埃菲尔的公司支付。埃菲尔获得的任何收入，以收回投资，届时所有权将转交给巴黎政府。尽管埃菲尔铁塔在最初并未受到巴黎人民的欢迎，许多人都认为它在这座风景如画的城市中实在是大煞风景，但人们还是成群结队地涌向塔顶。如今，埃菲尔铁塔深受法国人民的喜爱，是世界上最著名的地标之一。

巴黎之巅

自诞生之日起，200 年过去了，埃菲尔铁塔始终是巴黎最高的建筑。1974 年建成的摩天大楼"第一观光大厦"紧随其后出现，但依然无法与之匹敌。

自由女神像

古斯塔夫·埃菲尔因他对钢铁的理解和使用而备受赞誉。在将注意力转向这座以他的名字命名的铁塔之前不久，他刚设计建造了自由女神像的内部结构。

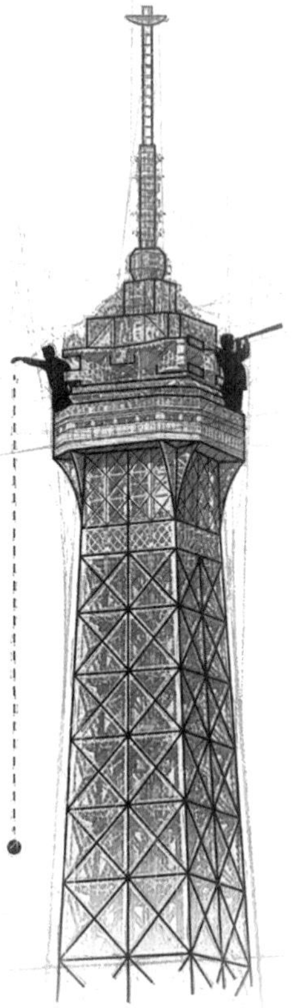

气象观测

埃菲尔在铁塔顶端设置了一间小办公室，在那里他可以研究空气阻力对坠落物体的作用。这一制高点也有助于他进行气象观测。

324米

231米

热膨胀

和其他高层建筑一样，埃菲尔铁塔也会因大风而轻微晃动。但因为它是纯铁结构，所以它受太阳的影响也非常明显。在炎热的日子，铁塔一天内能升高15厘米。如果太阳位置很低且只照在铁塔的某一侧，那么那一侧会比另一侧膨胀得更厉害，最严重的时候会导致塔身偏离太阳达18厘米。

建造时间：
1908—1911 年

高度：
98.2 米

英国利物浦

皇家利物大厦

利物浦的码头上坐落着 3 座 20 世纪早期的建筑，最负盛名的当数皇家利物大厦。人们总是认为皇家利物大厦是英国第一座摩天大楼，不仅因为它的高度，还因为它前驱性地使用了钢筋混凝土——一种在现今的高层建筑中被广泛使用的材料。和同期建成的美国大楼相比，皇家利物大厦可以说是毫不逊色。

皇家利物大厦是为了给皇家利物集团提供办公空间而建造的，这家公司成立于 1850 年，旨在为濒于失业的人群提供支持。他们的业务扩展迅速、遍至全英国，到了 20 世纪 90 年代末期，集团决定新建一座办公楼用来容纳不断增加的雇员。出乎意料的是，还不到 1907 年，其雇员人数就将近 6000 人，于是集团选下基地、催促设计的进程。他们聘请的建筑师是沃尔特·奥布利·托马斯，他在商业建筑的设计上经验颇丰，早在 30 年前就在利物浦占有一席之地。他尤以创造性的设计和专业的技术知识著称，至少有 7 座他设计的建筑因它们在历史和建筑上的重要价值而受到英国遗产信托基金的保护。

奠基仪式在 1908 年 5 月 11 日举行，尽管很多人质疑这个方案是否可行，但整个工期只用了 3 年，皇家利物大厦也于 1911 年 7 月 19 日正式营业。这座建筑连同另外两座建于前后几年的相邻建筑，是加强城市海上门户的关键组成部分。拔地而起的 13 层建筑俯瞰大地，直到 20 世纪 60 年代的塔楼建成之前，皇家利物大厦都是大不列颠最高的建筑。

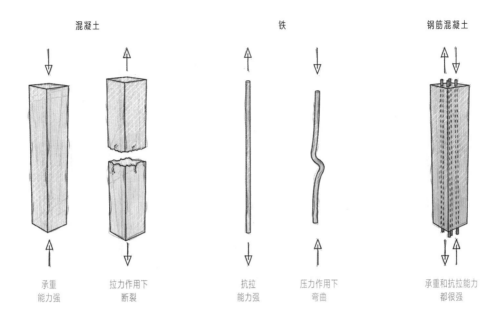

混凝土　　　　　　　　铁　　　　　　　钢筋混凝土

承重　　　拉力作用下　　　抗拉　　压力作用下　　　承重和抗拉能力
能力强　　断裂　　　　　　能力强　　弯曲　　　　　都很强

钢筋混凝土

皇家利物大厦是世界上第一座使用钢筋混凝土的大型建筑。混凝土本身可以负荷极大的重量，但是抗拉强度很低。然而，一旦把钢筋包裹在混凝土中，所有的重量就都能分散到钢铁上，在载荷相同的情况下，钢铁的承重能力要好得多。法国工程师弗朗索瓦·埃纳比克改良了这一系统，并在1892年获得了专利。这是最早使用钢筋混凝土的方法之一，它将分散的建筑构件，比如柱和梁，紧密连接成了一个整体。

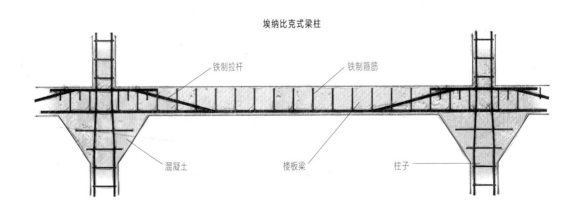

埃纳比克式梁柱

铁制拉杆　　　　　铁制箍筋

混凝土　　　　　　楼板梁　　　　　柱子

巨大载荷

得益于钢筋混凝土的使用，各种结构部件才能支撑住巨大的重量。成百上千根15米长的横梁加上数道18米长的拱门，重量可达1420吨。整座大厦的柱子合计达1525吨。假如这座建筑是用砖石承重的，那它的墙壁将厚到难以想象。

30米

18米

625吨　625吨

辉煌 50 年

皇家利物大厦保持利物浦最高建筑的地位长达50年，直到1965年被圣约翰灯塔夺去。

148米

98.2米

美惠三女神

皇家利物大厦和丘纳德大厦（1917 年）并肩而立，中间隔着的是利物浦港务大厦（1907 年）。3 座大楼合称为"美惠三女神"。

皇家利物大厦
1911年

丘纳德大厦
1917年

大钟

两座塔楼上的钟盘必须足够大才能让经过的水手可以轻松看出时间。事实上，它们比大本钟还要大一些。两座钟都被称为乔治钟，因为它们都是在乔治五世加冕之时开始计时的。

皇家利物大厦

7.6米

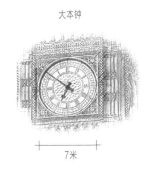

大本钟

7米

利物鸟

两只传说中的利物鸟高踞在塔楼的顶端。伯蒂俯瞰着市区的人民，贝拉则面向反面的大海。它们是经过千锤百炼的铜器，最初是镀金的。

7.3米

利物浦港务大厦
1907年

建造时间：
1927—1929 年

高度：
124 米

加拿大多伦多

费尔蒙特皇家约克酒店

一开始，皇家约克酒店兴建的消息并没有受到多伦多市民的重视。在选址上原本就有一家酒店——皇后酒店，加拿大最大、设备最好的酒店之一，酒店的部分建筑能追溯至 1844 年。意料之中的是，当地人并不怎么愿意失去这部分遗产，然而这种情感没有持续很久，像这样宏伟的建筑一定会赢得人们的喜爱。

在亨利·温纳特——皇后酒店的老板及权利所有人——去世后，他的房产于 1925 年被出售给了加拿大太平洋铁路局。

这块土地是个绝佳的酒店选址，因为附近就有两座火车站，加拿大太平洋铁路局相信有了他们的支持，这里将被开发出更多的潜能。费尔蒙特皇家约克酒店将不仅是一座酒店，也不只是一棵摇钱树，它将是任何一座大城市都需要的那种可以让自己名扬四方的建筑。虽然这座建筑具备的多种功能跟当今大多数的大型建筑别无二致，但在当时却是相当新鲜的，为城市增添了时髦感和奢华感。

建成后的皇家约克酒店就成了英联邦最高的建筑，但只是昙花一现。进入酒店后，更让人目瞪口呆的是它内部极度奢华的陈设、精雕细琢的细节和前卫的设施。在当时，每间客房都配有卫浴和私人电台，简直让人难以置信。

皇家约克酒店曾经主宰过城市的天际线，但随着越来越多的高层建筑在它周围涌现，它的制高地位一去不返。岁月荏苒，酒店几易其主，名称也一再更换，唯一始终不变的是它那不容忽视的存在感。

城中城

得益于不胜枚举的设施，这座豪华的酒店以"城中城"
著称。以下列举了几项酒店刚落成时就拥有的最先进
的特色。

1048间客房

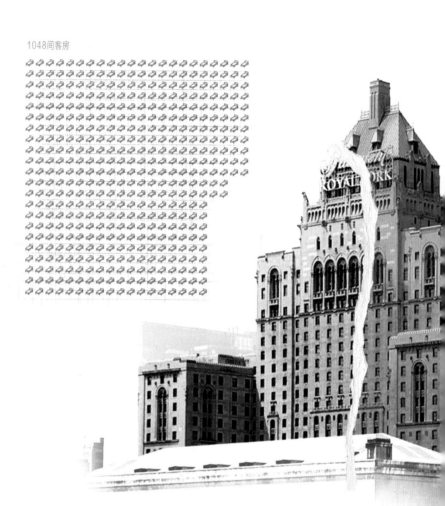

10部华丽的客梯贯通28层

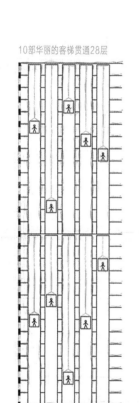

需要35名操作员同时工作的、20米长的电话总机

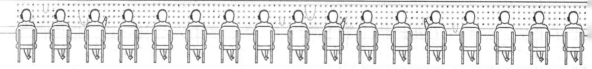

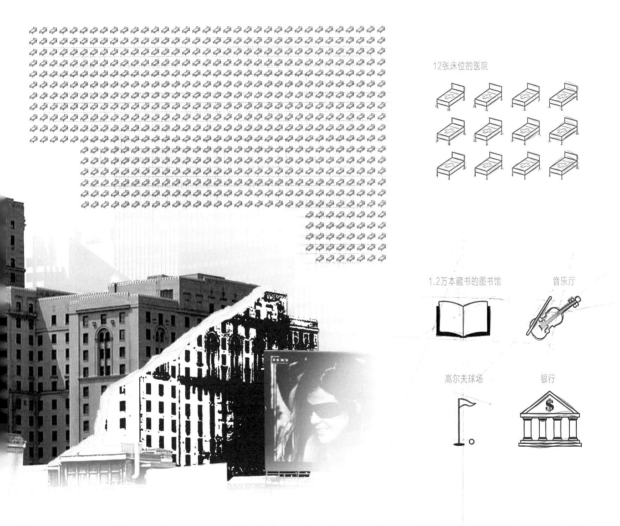

12张床位的医院

1.2万本藏书的图书馆　　　音乐厅

高尔夫球场　　　银行

面包店

酒店内厨房的面包店每天能做出 1.5 万根法棍。

顾客

一年之内，有超过 4000 万顾客进出酒店，比加拿大当时的人口还要多。

加拿大制高点

1931 年，皇家约克酒店的高度被几个街区外的北商事法庭的办公楼超过，酒店那短暂的加拿大和英联邦最高建筑的地位宣告终结。

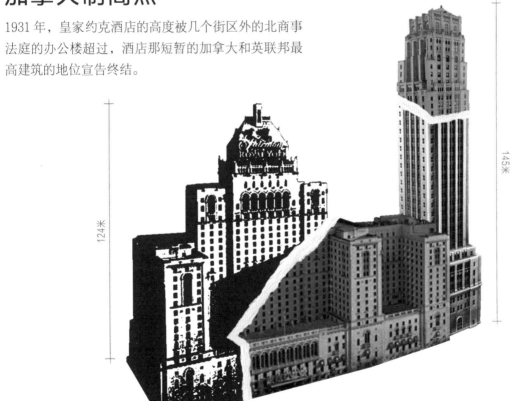

建造时间：
1949—1953 年

高度：
240 米

俄罗斯莫斯科

莫斯科国立大学

俄罗斯的第一个摩天大楼工程苏维埃宫启动于第二次世界大战前夕，受战争影响，工程暂停，构建建筑框架的钢材被回收并用于防御。战后不久，斯大林重启了自己的摩天大楼计划，但不局限于这一座，他的设想是将首都周围的几座建筑也囊括在内。这个理念是想让城市中的人无论走到哪儿都能看到一座摩天大楼。当时的莫斯科不像其他国家的首都拥有高耸的建筑，而斯大林认为莫斯科也应该有高层建筑。

莫斯科国立大学是重中之重的项目，设计它的任务交给了列夫·鲁纳和他的设计团队。鲁纳此前设计过广受好评的政府建筑，他经验丰富，他的作品在许多国家享有很高的声誉。他采用具有纪念意义的斯大林建筑风格设计了这所大学，还借鉴了欧洲哥特式大教堂的风格，再

加上要与另外6座摩天大楼（被称为"七姐妹"）保持一致，大学被严重过度设计了。用于框架的钢铁和结构的水泥都超额使用，导致建筑的重量远远大于需求，而这都是因为建筑者缺乏相应的经验和技术。

工程开始于1949年，学校大楼在1953年9月1日启用，旋即打破了欧洲最高建筑的纪录。一直到1990年，此纪录才被刷新——63层高的商品交易会大厦在法兰克福落成。

建筑计划

大楼的平面呈一种不规则的形状，从中央塔楼伸出的两翼容纳了9层和18层的宿舍楼。得益于狭窄的结构，两翼可以充分利用自然光线。

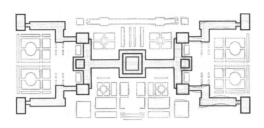

"七姐妹"

"七姐妹"指的是1947—1953年在莫斯科建成的一系列高层建筑，莫斯科国立大学的主楼是其中最高的建筑。不过，当地人并不使用"七姐妹"这个称呼，他们只是把这些建筑看成斯大林的摩天大楼。

乌克兰酒店
206米

艺术家公寓
176米

库德林广场大楼
160米

莫斯科列宁格勒
希尔顿酒店
136米

钢铁

尽管莫斯科国立大学的高度不能与帝国大厦相提并论，但由于其规模甚是庞大，它的结构钢用量相当于帝国大厦的 90%。

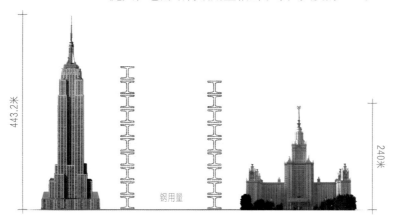

443.2米

240米

钢用量

莫斯科国立大学主楼
240米

外交部大楼
172米

红门大楼
133米

巨大的挖掘量

工地的土质松软，基岩又在地表以下100多米处，这着实给工程师带来了不小的困难。他们设计出一个地下系统，本质上是用钢筋混凝土箱覆盖建筑区。由于建筑规模庞大，他们挖掘出的土壤体积足足有3座胡夫金字塔那么大。

240米

146.6米

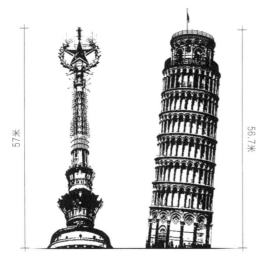

57米

56.7米

尖塔

建筑顶部精雕细琢的尖塔高57米，塔的顶端还放有一颗11吨重的五角星。

走廊

大学建筑物拥有超过 5000 个房间，它们由长 33 千米
的巨大走廊连接。

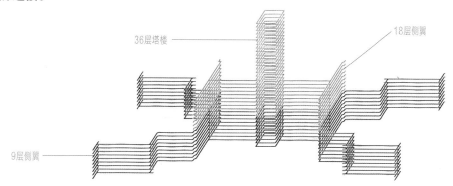

36层塔楼

18层侧翼

9层侧翼

最高学府

莫斯科国立大学拥有世界上最高的教育建筑，至今如
此。排在第二的是日本的东京时尚学校的蚕茧大厦，
这是一座设计院校，设有特殊技术、设计和医学院。

204米

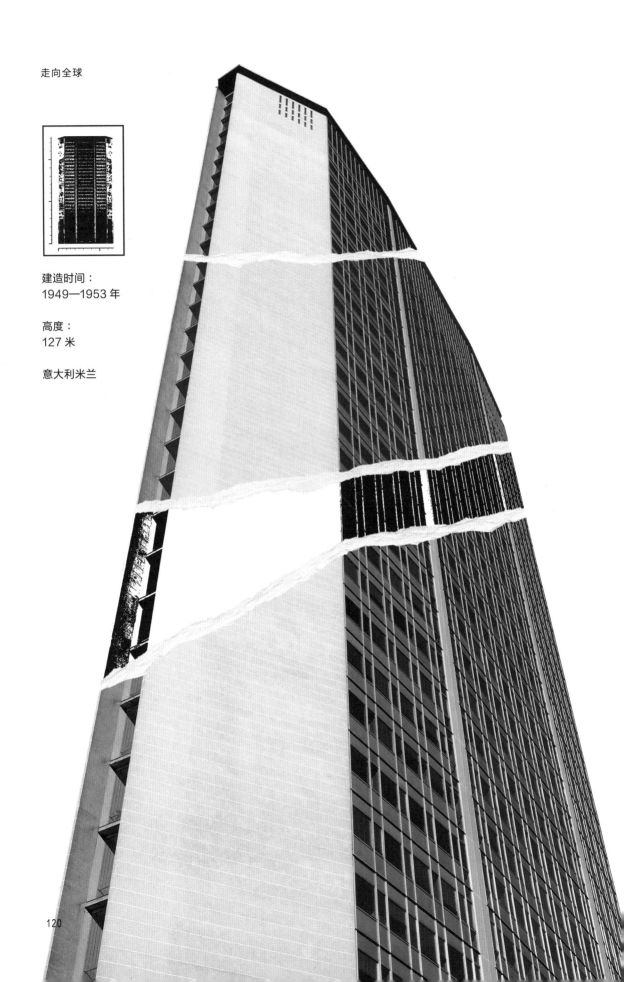

建造时间：
1949—1953 年

高度：
127 米

意大利米兰

皮瑞里大厦

皮瑞里大厦优雅地矗立在大地之上，尽管它是以低层建筑为主的地区里唯一的一座高楼，但它创新的设计成功营造出了一种精致感。

阿尔伯特和皮埃尔是皮瑞里轮胎公司创始人的儿子，两人计划把公司总部搬到米兰更特别、更有声望的地区。大厦的选址上原来是公司的一家轮胎厂，后来在战争中被炸毁了。尽管轮胎厂并非让人印象深刻的存在，但这个地区申请建设商业建筑的规划却得到了政府的大力支持，另外，市里的火车站不久前被搬到了离这个地块很近的地方，加上第二次世界大战之后意大利经济渐有复苏之势，这个地区很有成为繁荣商业区的潜力。

兄弟俩将工程委托给吉奥·蓬蒂——一个才华横溢的设计师，对陶瓷、纺织品、家具都十分熟稔，当然还有建筑。尽管材质不同，风格也很多元，但可以说，他的作品总是追求一种轻盈感。为了实现自己对这座建筑的构想，他和皮埃尔·奈尔维合作，后者堪称混凝土领域的顶级专家。与蓬蒂一样，奈尔维也喜欢轻盈感，尤其是如何用自己最爱的材质来实现它。

设计一座如此细长的建筑有着极大的挑战，因为它的比例会大大增加倒塌的风险，蓬蒂和皮埃尔一起攻克了各种技术障碍。他们的成功不仅在于克服了巨大的工程难题，还在于创造出了米兰的地标，甚至是意大利经济复苏的标志。

飘浮屋顶

大厦的外墙止于屋顶的下一层。由于屋顶是由次级结构承重的，所以它看上去像是浮在建筑之上的。

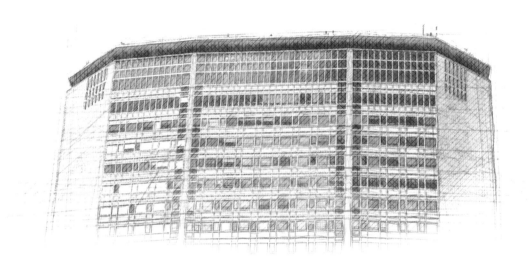

间隙

大厦两侧的立面用混凝土部件收尾，从下至上贯穿大楼，包裹住电梯间和机械风管。奇怪的是，两侧立面的凸墙并没有在结束的位置接合，而是留下了气隙。

锥形混凝土

为了使大楼稳固矗立，低层的钢筋混凝土墙板必须比高层的更厚，以承受更大的压力。

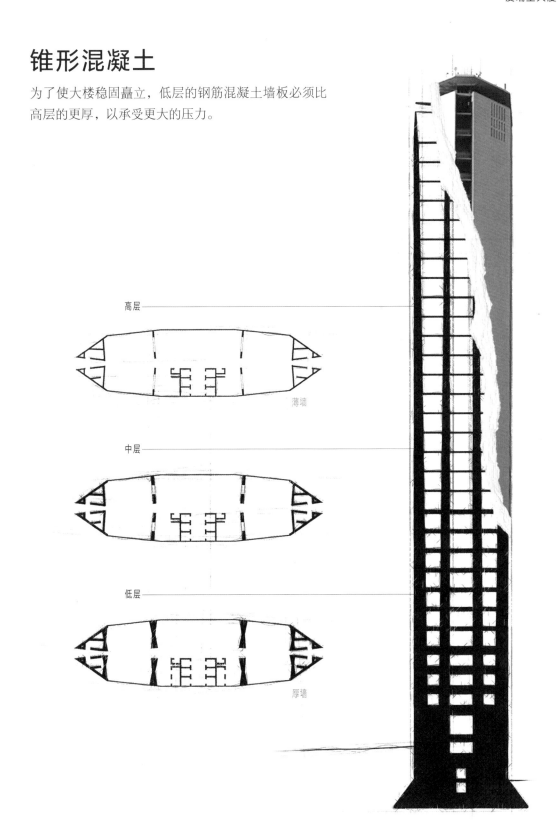

高层

薄墙

中层

低层

厚墙

金色圣母像

根据习俗，当地的建筑不能高于米兰大教堂顶端的金色圣母像（圣母马利亚）。为了表示对传统的尊重，皮瑞里大厦的顶端放有一个微型的圣母像复制品，这样一来圣母马利亚就依然位于城市制高点上。

4.76米

原像

0.85米

复制品

107米

127米

渐变窗户

从建筑的外部可以看出，楼层越高混凝土越薄。透过立面的玻璃，也能看
到承重的混凝土墙朝着楼顶逐渐变窄，因此，大楼的窗户越往上越宽大。

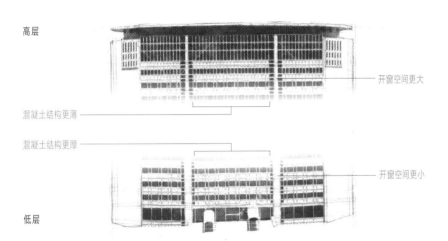

高层

混凝土结构更薄

开窗空间更大

混凝土结构更厚

开窗空间更小

低层

优化空间

从建筑平面图可以看出，每一层非常规的菱形空间利用得非常好。电梯、
主楼梯和卫生间集中分布在建筑最宽处的中央，办公空间和挑台则顺着建
筑两端分布。由于建筑是向两端收缩的，走廊空间也会从中部向两端递减。
因此，狭窄的走廊对应的就是人流量更少的空间。

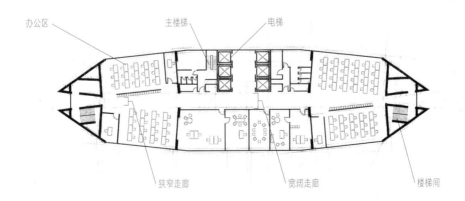

办公区

主楼梯

电梯

狭窄走廊

宽阔走廊

楼梯间

走向全球

建造时间：
1954—1958 年

高度：
157 米

美国纽约

西格拉姆大厦

西格拉姆大厦之所以在纽约众多仅占一隅之地的摩天大楼中脱颖而出，就在于它留给自己的空间。在寸土寸金的纽约地面上，西格拉姆大厦不动声色地退居到街道线以里的一个进深广场之后。大厦前的开放空间是"浪费"的大胆表现，更传达了一种重要感。另外，额外的空间意味着，无须再像纽约城中常见的那样伸长脖子，人们就可以完整地欣赏这座建筑。

塞缪尔·布朗夫曼，大型酿酒公司的首席执行官，需要为他那在禁酒时代后在美国不断壮大的业务建一座总部大楼。他在女儿菲利斯·兰伯特（同样是建筑师）的推荐下，聘请了路德维希·密斯·凡·德罗来设计大厦。密斯以"少即是多"的建筑主张著称，而且能极尽建筑

的结构之美。西格拉姆项目的特别之处在于，纵贯建筑的竖梁并不是结构部件。出于安全考虑，美国建筑法规要求任何结构性钢材都要用防火材料包裹。既然如此，在使用混凝土包裹框架的情况下，密斯建议通过外部的非承重梁来表现建筑的内部结构。

建筑的简单形式——仅是一个规则的长方体，加上它不多的装饰和外部结构，很有可能让它变得平平无奇。然而，通过使用多样的材料，比如立面工字梁使用的青铜和贯穿上下的风格独特的石料，密斯创造了一座"纯粹"的钢框架摩天大楼。无须装饰，结构和形式足以给人美的享受。就连相对平淡的38层楼高，也无损它在功能美学上的杰出地位。

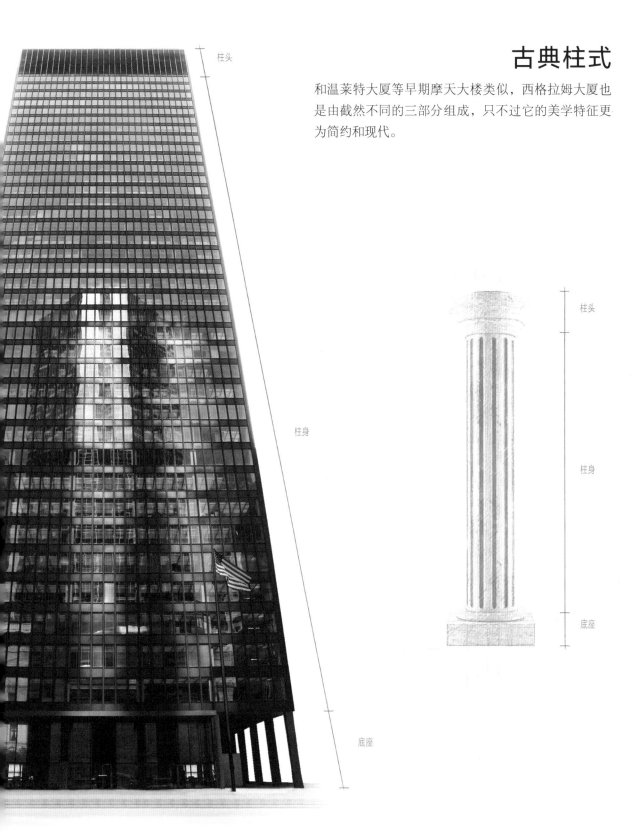

柱头

柱身

底座

古典柱式

和温莱特大厦等早期摩天大楼类似，西格拉姆大厦也是由截然不同的三部分组成，只不过它的美学特征更为简约和现代。

柱头

柱身

底座

自由呼吸

西格拉姆大厦只占用了它规划面积的 40%。大部分地面由花岗岩铺砌作为广场，延伸至建筑部分凸起结构的下方。在当时寸土必争、寸土必用的大趋势下，西格拉姆大厦退居到马路 30 米外的位置是非常罕见的。通过把周边的开放空间囊括在内，密斯将为纽约创造出更为标新立异的建筑，因为假如整个地块都盖满大楼，那么建筑的设计就必须包含能提供充分采光的后撤空间。

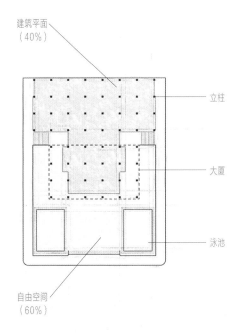

建筑平面（40%）

立柱

大厦

泳池

自由空间（60%）

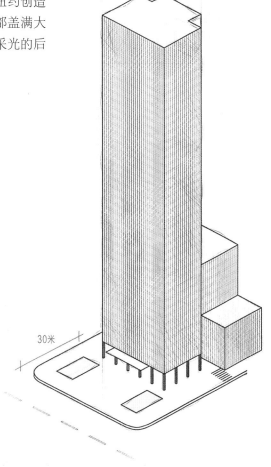

30米

广场带来的开放空间同样能让行人更多地感受到大厦的震撼力，那也是在拥挤的纽约市中心的一种愉快体验。市政官员们也大受其启发，甚至在 1961 年修改了行政区划法规，鼓励开发商考虑空间的公共功能。

落地窗

西格拉姆大厦是历史上第一座使用落地窗的摩天大楼。

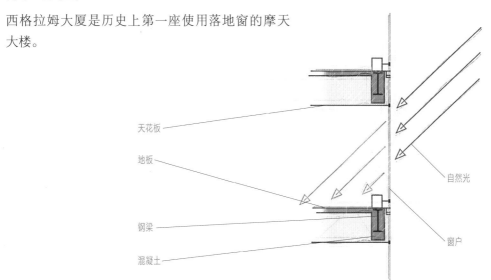

天花板

地板

钢梁

混凝土

自然光

窗户

统一的百叶窗

密斯是彻底的完美主义者,他发现了一处无序的细节——百叶窗的开合程度不一致导致了摩天大楼的窗户不够统一。为了让窗户看起来更齐整,他设计了只能呈现3种固定状态的百叶窗:全开、半开和关闭。

百叶窗的
开合状态

全开

半开

关闭

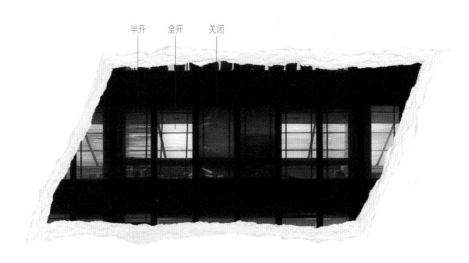

半开　全开　关闭

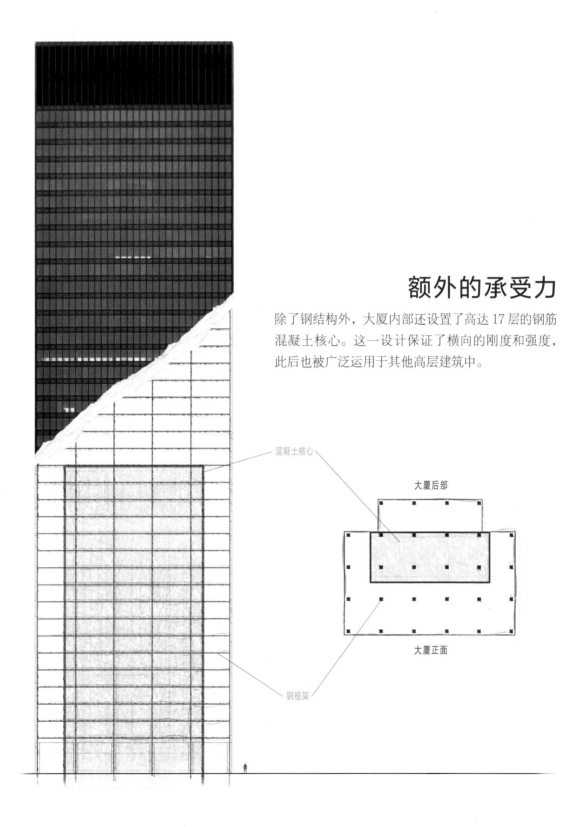

额外的承受力

除了钢结构外，大厦内部还设置了高达 17 层的钢筋混凝土核心。这一设计保证了横向的刚度和强度，此后也被广泛运用于其他高层建筑中。

混凝土核心

钢框架

大厦后部

大厦正面

建造时间：
1965—1969 年

高度：
457 米

美国芝加哥

约翰·汉考克中心

芝加哥,摩天大楼的发源地,在 20 世纪的拐点迎来了建筑天才和技术发展的高潮。然而,到了 20 世纪 20 年代,人们对城市正在发生的快速变化感到担忧,因此颁布了限制令,将摩天大楼的高度严格限制在了 20 层以下。幸运的是,到了 20 世纪 50 年代中期,限制被解除,其后 10 年,计算机又让探索新型、怪异的结构成为可能。约翰·汉考克中心就诞生在这样的时代。

项目工程由约翰·汉考克互惠人寿保险公司出资。最初的构想是建造两座相邻的大楼,一座用于办公,另一座用作公寓。然而,在购买需要的土地时出现了问题,加上建筑师布鲁斯·格雷厄姆和工程师法兹勒·汗的建议,计划被更改。他们主要的顾虑是,公寓楼的住户可以直接看到办公楼的内部,反过来也是如此。他们提议建造 100 层高的建筑,居民区在办公区之上,以获得更好的视野,顶层还配有观景台和餐厅。底部的 6 层主要是商业空间和停车场。建筑外观呈锥形,一方面是为了稳定,另一方面是出于功能考虑。越往下越大的平面空间更适合办公使用,越靠近顶端平面空间越小,更有利于公寓的采光。

最震撼的当数约翰·汉考克中心外部的交叉支撑,这样的设计将结构转移到了建筑外部,扩张了内部楼层的空间。这种筒状支撑系统提供了出色的抗横向力,减少了高层的晃动,使身处大楼的人更加舒适。这一设计的优势还在于减少了必要材料的使用:大楼的钢用量只相当于一栋 45 层建筑的钢用量。

最快的电梯

自落成之日起，大楼配有的 50 座电梯就是西半球速度最快的电梯，它们可以在 38 秒内将乘客从 1 层带到 95 层，最高时速可达 33.5 千米。相比之下，伍尔沃斯大厦的电梯在相同时间内只能上升 30 层，虽然在不超过 60 年之前，它也是时代创举。

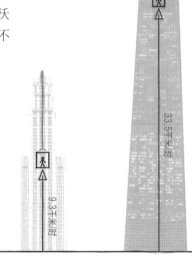

天线

两根天线中，东边的天线更高，总长 106 米，西边的则矮了约 10 米。大楼也因为天线而增加了超过 1/5 的总高度，这两根天线都比大本钟要高。

倾斜外墙

建筑的锥形是多种因素造成的结果。方形摩天大楼可以将重量更平均地分散到不同楼层，但约翰·汉考克中心的宽阔底座和狭窄顶层能够降低大楼的重心，形成更稳定的结构。越往上越窄，也意味着建筑将承受更小的风力，尤其是当风速在海拔更高的地方增加的时候。从功能角度看，每层的空间随着高度的增加而减小也十分合理。建筑顶部是住宅区，适合更小、更私人的空间。下层容纳的是办公区，再往下是更大的商业空间和广场。

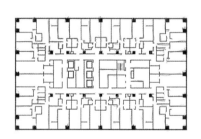

公寓楼标准布局

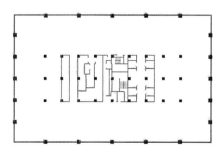

办公楼标准布局

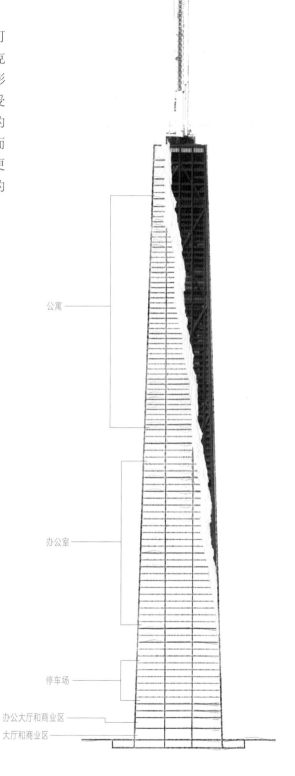

公寓

办公室

停车场

办公大厅和商业区

大厅和商业区

限制景观

由于外部的交叉支撑会遮挡公寓窗户的视野，某些时候挡得
非常彻底，所以这对房产价值产生了明显的影响。

钢铁

用于建造这座大楼的 4.6 万吨钢可以生产 3.3 万辆汽车。

=10辆汽车

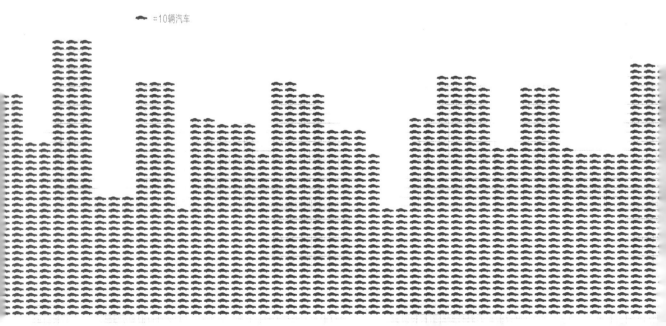

防风

芝加哥以"风城"著称，正如它的名字所暗示的那样，城市里的高层建筑必须扛得住芝加哥的大风。在刮风的日子，可以听到大楼的结构发出咯吱咯吱的声音，但是它表现良好、十分稳固，顶端的天线摆动幅度不过 20 厘米。在大楼的内部，唯一能感到的只有玻璃杯中液体的轻微震动。

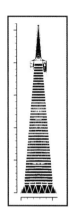

建造时间：
1969—1972 年

高度：
260 米

美国旧金山

泛美金字塔

如今，泛美金字塔是旧金山天际线上具有里程碑意义的建筑，但其设计方案在 1969 年公开的时候，面对的却是嘲讽与抗议。泛美金字塔的建筑师威廉·佩雷拉以电影布景设计和未来感建筑著称。当地人认为他"不切实际"的审美和这个地区保守的建筑格格不入。

这个项目由泛美集团 CEO（首席执行官）杰克·贝克特委托，他意欲建造一座公司总部大楼，也是在他的支持下，才有了这幢大楼现在的形式。贝克特宣称，他想要光线可以从顶端直达地面，于是佩雷拉着手设计这座后现代金字塔。锥形设计轻易就满足了旧金山的严格规定，即楼层面积随着高度的增加逐步递减。尤其是在这样一个地质活动频发的地区，这种设计的优势在于，它大大增加了结构的稳定性。

项目进度未受批评者们的影响，泛美金字塔继续施工，并在 1972 年正式启用。尽管最初遭到冷遇，却也被公众渐渐接受，建筑自此获得了高度评价。作为密西西比河西岸最高的建筑，它的高度和极具冲击力的造型提高了母公司的形象。虽然泛美公司现已将总部搬离泛美金字塔，但他们依然保留了这座建筑，并继续在公司的徽章上使用大楼的形象。

形式

从概念上讲，建筑造型的灵感来自当地的参天红杉树。红杉树的锥形形状能使阳光穿透树冠直达森林地表，正如阳光能穿透泛美金字塔大楼直达地面一样。

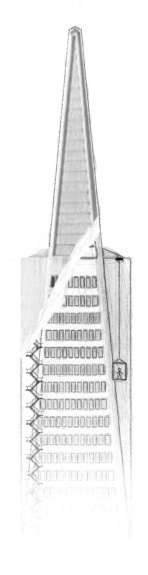

两翼

大楼顶端凸出的两翼可用于存放建筑设备，楼层的可用空间因此有所增加。东翼有可容纳两部电梯直到顶层的电梯井；西翼有一个楼梯间，发生火灾时，也可充当排烟塔。

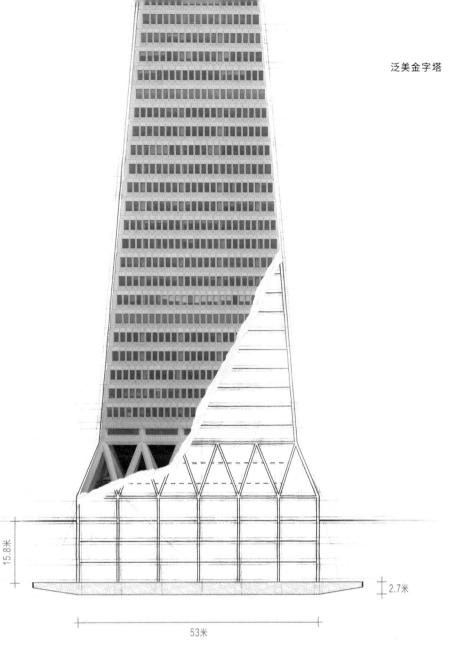

15.8米

2.7米

53米

结构

整个结构被置于和建筑用地同尺寸的、仅位于地面15米以下的2.7米厚的钢筋混凝土板上。地基的水泥整整浇筑了三天三夜，运送那些水泥用了1750辆卡车。为了加固它，还嵌入了长达480千米的钢筋。当地震发生时，紧实的地基可避免将地面的震动传给上方的建筑。在地面层，专门设计了宽大的桁架来支撑建筑重量产生的垂直压力，同时能抵抗地震时产生的水平压力。这个结构的顶端是金字塔形的建筑部件，它包括1个外层框架和4个内部框架。

窗户

建筑的主体是 3678 扇窗户，它们都可以绕着中轴旋转 360°。由于大楼的形状与众不同，很难用常规的方法清洁窗户，所以设计了这种更易于清洁的窗户。

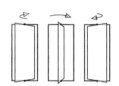

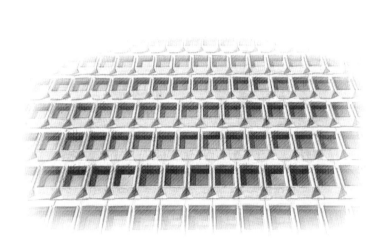

地震

1989 年的旧金山大地震让旧金山地动山摇，泛美金字塔也因此晃动了将近 1 分钟。即便如此，大楼依然屹立不倒，顶部仅偏移了 30 厘米。建筑内部没有损害，也没有人受重伤。

楼层

大楼的形状使得楼层可用面积随着高度的增加迅速减少。5层的空间最大，48层的最小，相比之下，后者不足前者的10%。

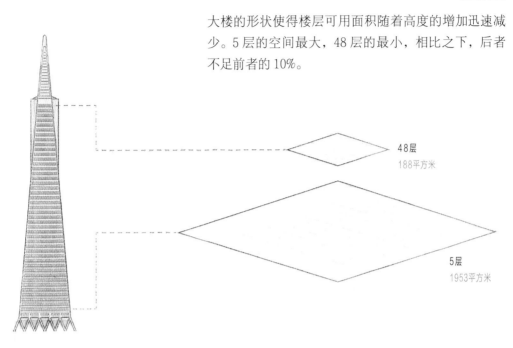

48层
188平方米

5层
1953平方米

新与旧

吉萨的胡夫金字塔曾经是几千年来最高的人造建筑，但随着技术的发展，我们如今可以使用更少的材料建造更高的建筑。

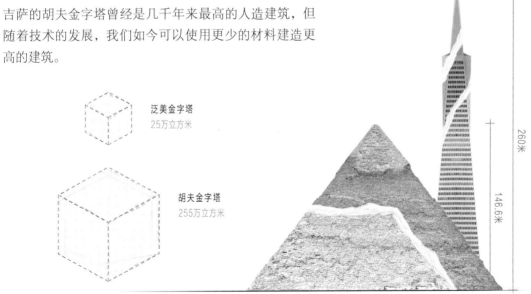

泛美金字塔
25万立方米

胡夫金字塔
255万立方米

260米

146.6米

走向全球

建造时间：
1985—1990 年

高度：
367.4 米

中国香港

144

香港中银大厦

香港中环以其密集的摩天大楼著称，其中最引人注目的便是中国银行大厦（简称中银大厦）。这座建筑之所以出挑，部分原因在于它与众不同的立面交叉支撑结构。不分日夜，这些支撑都十分醒目。白天，白色的支持结构与分布其间的蓝色玻璃形成鲜明的反差；到了晚上，整个框架遍布彩灯，光辉灿烂。由支撑构成的醒目且永不过时的三角形状，让人联想到折纸艺术中的折叠样式，给人一种建造物以某种方式向上展开的感觉。

1982 年中银把在香港筹建的大厦项目委托给了美籍华裔设计师贝聿铭。贝聿铭在高层建筑上颇有建树，且十分善用三角形式。委托者们想要创造出一座真正符合中国人审美的大厦。

中银大厦的建造克服了诸多困难。建筑的基地相对较小（2 英亩，约 8100 平方米），还是在陡坡之上，三面都被高速公路环绕，进入这个受限的区域简直是不可能的。另外，香港位于台风多发区，这种高度的建筑面临着巨大的风险，更别提香港的地震标准比洛杉矶严苛 4 倍。贝聿铭逐一破解了这些难题，他设计的建筑成了亚洲最高的建筑，也是美国以外的第一座超过 300 米的超级摩天大楼。

组合部分

中银大厦的4座三角形塔楼（柱体）相互锁扣，在平面上形成一个正方形。每座塔楼都有一个向建筑中心倾斜的坡屋顶。

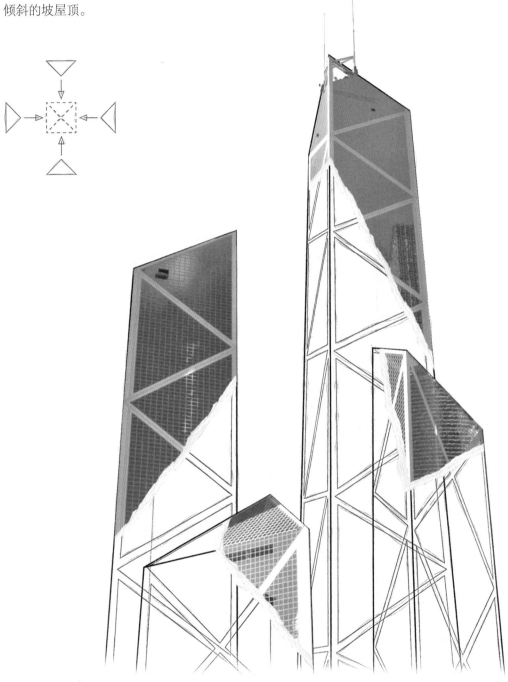

结构

大厦的大部分重量都通过位于角落的 4 根巨大的钢柱转移到了地面。第 5
根柱子位于正中央，在 4 根柱子的平面交会点处提供额外的支撑。

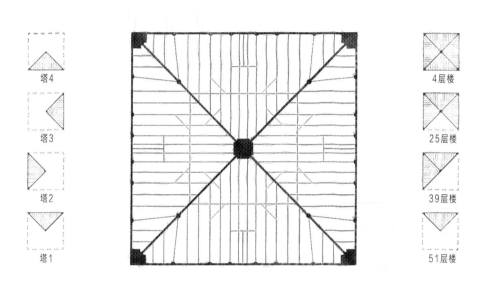

塔4

塔3

塔2

塔1

4 层楼

25 层楼

39 层楼

51 层楼

空间框架

中银大厦是第一座使用空间框架的复合高层建筑。空间框架被广泛应用于各种结构工程中，比如汽车底盘和桥梁搭建。空间框架采用互锁支柱构成几何形状，原理是利用三角形的内在稳定性。空间框架的强度意味着整个建筑需要的垂直支撑更少，更多的楼层空间被释放。

竹子

据说，竹子节节高升的形象是建筑设计的重要灵感。
在中国文化中，竹子也是力量和生长的象征。

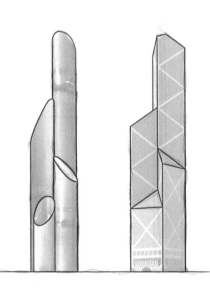

方案调整

起初的设计方案中存在大量锐利的棱角和"X"形框架，这引起了很多争议。贝聿铭慎重考虑后，对他的方案做了一些调整，减少了许多极具震撼力的"X"符号，取而代之的是更为柔和的三角形。

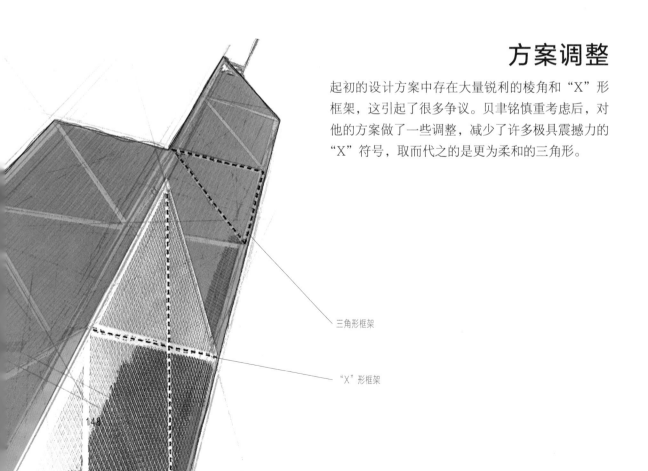

三角形框架

"X"形框架

148

美国以外的最高建筑

刚刚建成的中银大厦，是美国以外世界上的最高建筑，也是第一座超过1000 英尺（约 305 米）的非美国建筑。它取代了合和中心亚洲最高点的地位，后来在 1992 年被香港中环广场超越。

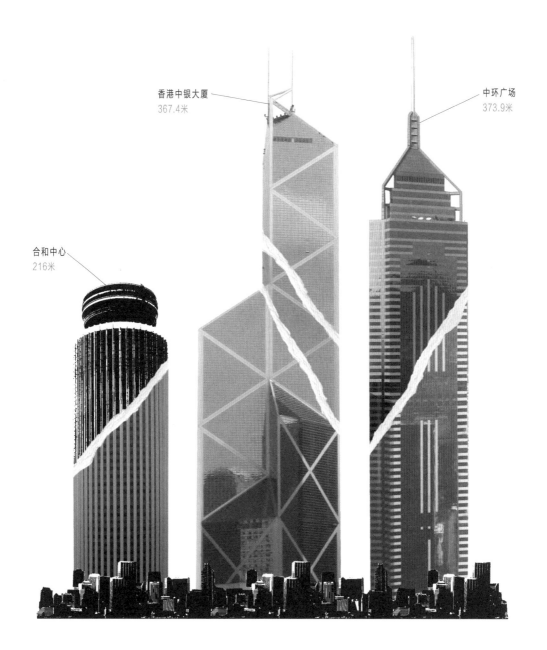

香港中银大厦
367.4米

中环广场
373.9米

合和中心
216米

建造时间：
1994—1997 年

高度：
328 米

新西兰奥克兰

天空塔

天空塔与埃菲尔铁塔的相似之处在于，它也不是可持续居住的建筑，而是一座实实在在的高塔，并且同时是城市最醒目的地标。无独有偶，天空塔也像埃菲尔铁塔一样打破了工程纪录，它以南半球最高的独立建筑而闻名遐迩。

天空塔是赌场建筑群的一部分，在过去曾是哈拉斯娱乐公司的产业，与赌场并肩而建。天空塔的观景台能让游客遍览奥克兰风光，从塔的最高处可以看到 80 千米以外的地方。高塔还为游客提供了在 190 米的高空、新西兰唯一的旋转餐厅舒适用餐的机会，或者可以选择更为随意的自助餐厅。塔尖上还设有体育活动的场地，比如蹦极和在离地 192 米、宽度不及 1.2 米的步道上行走。除了纯粹的娱乐功能，天空塔最初是用作无线电和电信桅杆的，上面设有世界上最大的单一调频广播发射机。

新西兰建筑师高登·莫勒设计了这栋高塔，他原本的方案是在塔的外墙包裹铝，让它如丝绸般闪亮，从而更具有未来感和科技感。由于财务问题，这个方案被取消，塔身最终用光滑的混凝土建成。和很多高层建筑一样，天空塔的设计和建筑团队面临了诸多挑战，但与众不同的是，天空塔提前 6 个月就竣工了。

观景台

天空塔有5个观景台，包括1个咖啡厅、2个餐厅，
每个都处在不同的高度。

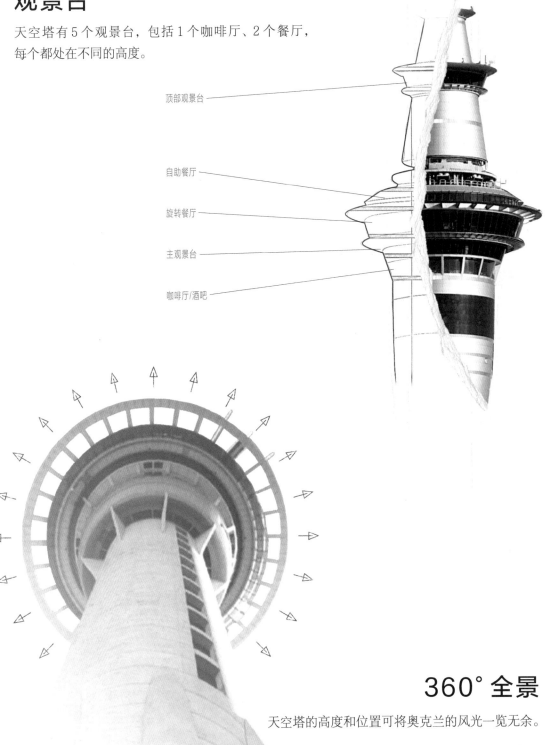

顶部观景台

自助餐厅

旋转餐厅

主观景台

咖啡厅/酒吧

360° 全景

天空塔的高度和位置可将奥克兰的风光一览无余。

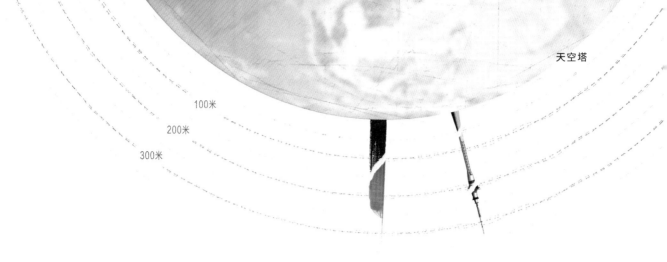

100米
200米
300米

南半球制高点

天空塔是南半球最高的独立式建筑，紧随其后的是昆士兰 Q1 大厦。

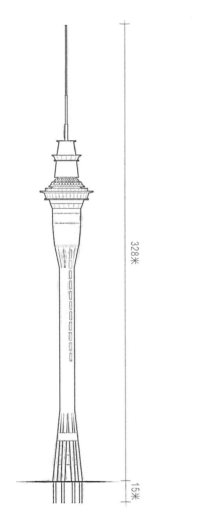

328米

15米

浅层地基

从结构上看，也许会觉得天空塔的基础深入地底，塔身的上部更是让人觉得头重脚轻。然而，8 座基脚只用了 16 个桩基支撑，深入地下的部分只有 15 米。即便如此，这个结构依然足以抵抗 20 千米外发生的 8 级地震。

基脚
平面图

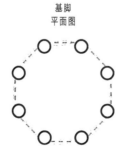

精确施工

为了保持直立，这样窄长的结构必须完全垂直。除了使用地面测量措施和激光器来标示准确的参考标记，7个不同的全球定位卫星也持续为施工团队提供信息，以保证毫厘不爽。

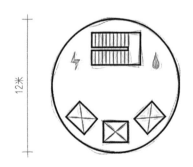

管井

天空塔的支撑性管井容纳3部电梯、楼梯间和设备空间。

世界高塔

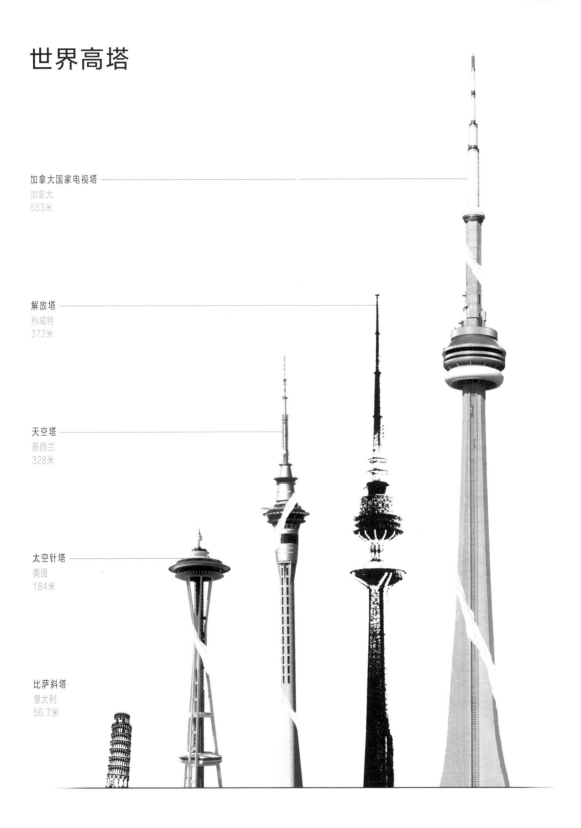

加拿大国家电视塔
加拿大
553米

解放塔
科威特
372米

天空塔
新西兰
328米

太空针塔
美国
184米

比萨斜塔
意大利
56.7米

当世杰作

千年之交的摩天大楼掠影

由于全球的需求急剧增加，建筑师们不断开拓建筑想象力的边界，创造出更多令人惊叹的高楼。国家和大企业对焦点建筑的渴望似乎永无止境，超高建筑将成为自我力量的展示和重要地标。在当今的世界，没有什么不可能。

计算机技术爆炸性的进步使得建筑师能够创造出越来越复杂的建筑模型和环境模拟，他们也因此更有可能创造出螺旋形、弧形甚至扭曲的结构。当代摩天大楼的尺度和形式令人叹为观止，物理法则再也不能局限它们，除非财力和建筑师的想象力受限。与人们日益增长的对地球气候的担忧相一致的是，技术的发展也带来了更为节能环保的建筑。后来开发出的混凝土比起20世纪的不仅能承受更大压力，还能吸收更少热量，与之一起的，还有能反射更多紫外线的高档玻璃。

东亚蓬勃发展的金融市场刺激了诸多世界级摩天大楼的发展。其中中国对

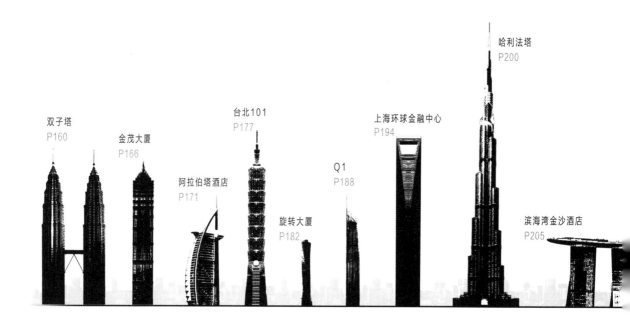

双子塔
P160

金茂大厦
P166

阿拉伯塔酒店
P171

台北101
P177

旋转大厦
P182

Q1
P188

上海环球金融中心
P194

哈利法塔
P200

滨海湾金沙酒店
P205

商品和服务的需求水涨船高，数以百万计的人涌向了机会和待遇更具吸引力的城市。那些城市的建筑和100年前纽约的建筑一样，唯一的出路就是向上，再向上。

另一个超级摩天大楼的集中地在中亚。但是，高人口密度和高土地价格相结合来打造高层建筑的传统模式并不适用于此。例如，迪拜哈利法塔[1]所在的城市地广人稀，但它依然打破了世界最高建筑的纪录。凭借这一点，它成功让迪拜跻身摩天大楼城市之列，和其他标志性大楼一样，这些建筑象征着该地区从单一石油经济转变成了服务型经济。

人们对摩天大楼的狂热丝毫没有衰减的迹象。正如刚产生一项新纪录，就又有一个项目正在被设计着以取代它，这似乎是一种无限重复的模式。我们到底能建到多高？也许，很快我们就会到达人类想象和资源的极限。又或者，总有一天，哈利法塔也会成为被俯视的对象。

1　原名迪拜塔，又称迪拜大厦或比斯迪拜塔。——编者注

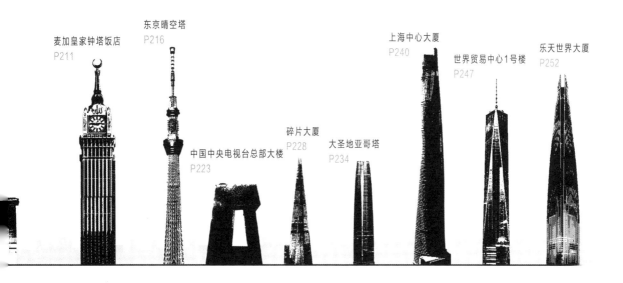

麦加皇家钟塔饭店
P211

东京晴空塔
P216

中国中央电视台总部大楼
P223

碎片大厦
P228

大圣地亚哥塔
P234

上海中心大厦
P240

世界贸易中心1号楼
P247

乐天世界大厦
P252

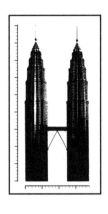

建造时间：
1993—1996 年

高度：
451.9 米

马来西亚吉隆坡

双子塔

双子塔是第一座打破美国连续百年拥有世界最高大楼纪录的建筑，这个名号落到马来西亚的头上，也让吉隆坡在世界摩天大楼版图上占据了一席之地。直到今天，它们依然是世界上最高的双塔楼，也是这座活力四射的城市中最闪亮的景点。

马来西亚国家石油公司将工程委托给阿根廷建筑师西萨·佩里，要求他为吉隆坡打造一座 21 世纪的标志性建筑。除了要面向未来，他们还希望这座建筑能表现出国家风貌和文化，基于此，佩里开始了他的后现代设计。

伊斯兰教是马来西亚最重要的宗教，其教堂的几何形式也充分体现在双子塔最终的设计中。结果就是，建筑的规模令人叹为观止，两次打破了世界纪录。

由于马来西亚政府强制要求工程从启动到落成必须在 6 年内完成，所以有两家建筑公司同时施工。塔 1 由日本建筑事务所完成，塔 2 由来自韩国的团队负责。88 层高的双子塔的地基在当时所有建筑中属最深的，这一方面是由于建筑的庞大体量，另一方面是因为优先选择使用的是钢筋混凝土而非钢铁。在双子塔施工期间，进口钢铁价格十分昂贵，考虑到混凝土也能起到良好的减震效果，所以选择了混凝土，但也因此导致建筑的重量翻倍。

尽管在施工早期，有一批混凝土没有通过强度测试，延误了进程，但项目还是被及时完成了，塔 2 也率先显露雏形。1996 年 3 月 1 日，尖顶的完成标志着整个项目的结束。

双子塔

58米

170米

空中走廊

位于双塔 41 和 42 层的空中走廊是世界上最高的双层桥梁。它并没有为防止断裂而被严丝合缝地连接在建筑上，相反，它用了一个由伸缩节、铰链和球面轴承组成的系统，使桥梁可以滑入滑出建筑。

伊斯兰文化的启示

佩里最早的设计因为没有充分体现出马来西亚文化而遭到首相的拒绝。在后续的再设计中，佩里将几何形状套叠，通过模仿伊斯兰文化图案，设计出了平面图并确立了建筑的整体形态。双层重叠的正方形形成了八角星形状，代表了伊斯兰文化中的统一与和谐，增加的圆形部分则让平面空间扩张到了极致。

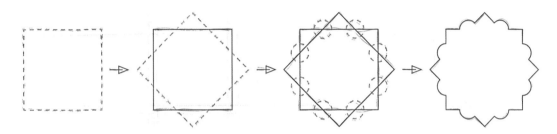

结构

要进口足够的钢铁用于建造双子塔成本太过昂贵，因此，大楼开创性地使用了高强度钢筋混凝土材料。相比钢铁，钢筋混凝土能更有效地减少建筑的晃动，但它的不足之处在于，它使建筑的重量增加了一倍。一度在高层建筑中十分流行的"筒中筒"结构也在此得到创新——变成了由 16 根巨型柱子环绕方形井道。

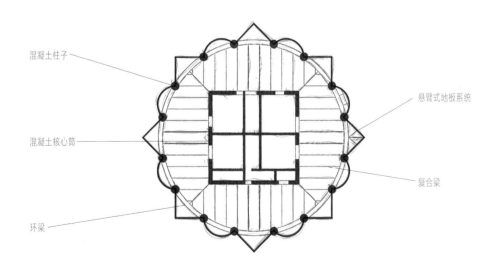

混凝土柱子

混凝土核心筒

环梁

悬臂式地板系统

复合梁

附属建筑

每座塔楼都有一个 44 层的附属建筑，用于提供更多的办公空间。虽然被主楼掩盖了光芒，但它们本身也足以称得上庞然大物。

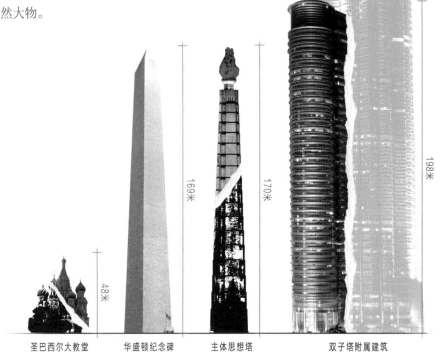

圣巴西尔大教堂　　华盛顿纪念碑　　主体思想塔　　双子塔附属建筑

电梯

每座塔楼中都有 38 部电梯，大多数是双层的。每层电梯可容纳 26 人，上层电梯只停靠在奇数层，下层电梯则停靠在偶数层。如果想从大堂到达奇数层，就必须先乘坐扶梯到达上层。

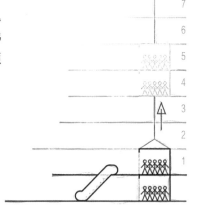

地基

从破土动工到地基建设完成花了整整一年时间。海量的泥土被清除，大量
混凝土桩基深埋地下，这项马来西亚史上耗时最长的混凝土浇筑工程必须
在结构工程开始之前完成。

1 在工地上挖掘出足以承载
5层楼的深度。

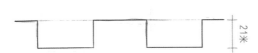

21米

2 在每座塔楼的地基下面沉入
104个混凝土桩基。

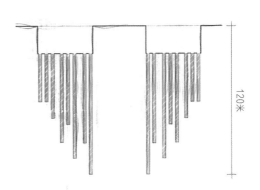

120米

3 在桩基顶部浇筑混凝土，浇筑工程持续了54个小时，平
均每2.5分钟就用掉一辆卡车的混凝土。

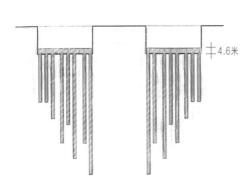

4.6米

4 结构施工开始于1994年4月1日，也就是地基建设
完成之时。

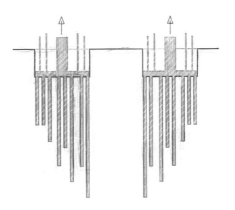

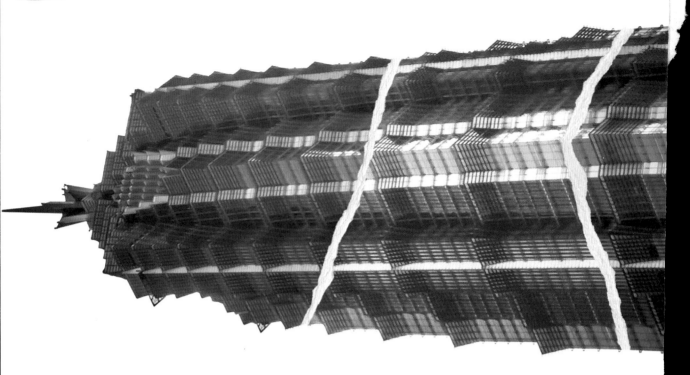

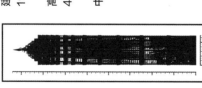

建造时间：
1994—1999 年

高度：
420.5 米

中国上海

金茂大厦

如今的金茂大厦和另外两座超级摩天大楼（超过 300 米）并肩而立，成为实施市场化经济以来，国家繁荣昌盛的象征。金茂大厦是上海 1990 年之后出现的 3 座摩天大楼之中最早建成的一座。

这个工程委托给了芝加哥的 SOM 设计事务所。SOM 是世界上最大的建筑公司之一，在全球各地设有办公室，并为不下 50 个国家承办过建筑工程。这家公司成立于 1937 年，主要以设计高端商业建筑著称，曾建造出许多世界顶尖的摩天大楼。和设计过双子塔一样，SOM 也必须抓住这个地区的精神和历史。他们最终实现了目标，创造出了一个比例完美的，包裹在光滑铝制格子框架中的锥形结构。不仅如此，它还能让人迅速联想到中国传统的摩天建筑——宝塔。

这栋 88 层的高楼容纳了诸多业主，最负盛名的当是一家五星级酒店，它占据了大楼的 53 到 87 层。作为世界上最高的酒店之一，它享有得天独厚的开阔视野，内部装潢也极尽奢华。中庭从 56 层开始，一直延伸至 87 层，在大楼内部开辟出了一个自天堂地面到天花板近 115 米高的开放空间。

数字 8

作为委托方的上海对外贸易中心要求在设计中体现出数字"8"。在中国文化中，"8"意味着财源广进，是个幸运数字，与这样巨大的经济投入十分相称。考虑到这一点，大楼可到达的最高楼层（观景台）是 88 层，每个退台的高度都比下方的矮了 1/8。

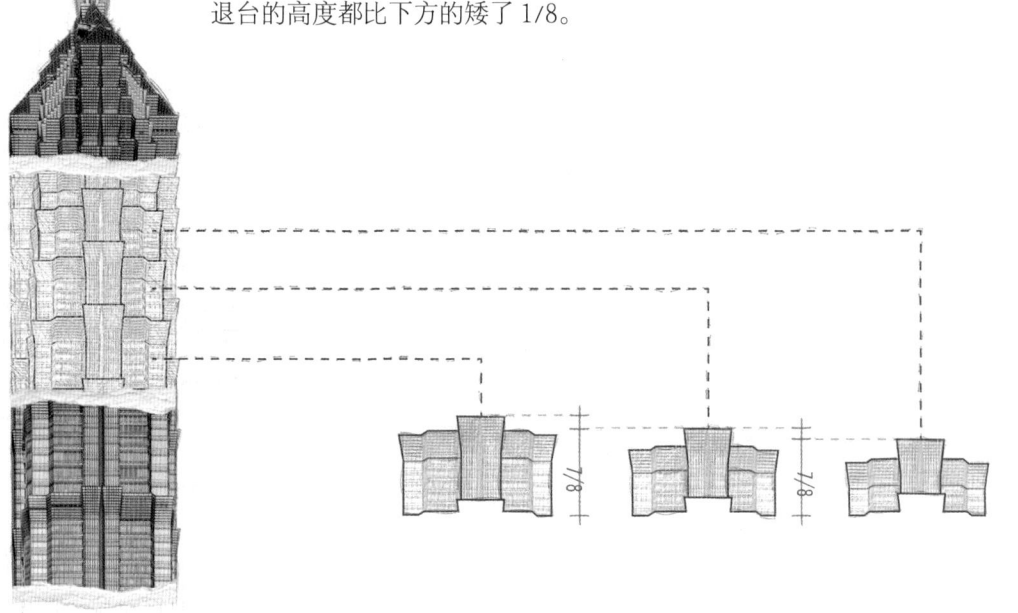

结构

筒中筒结构的混凝土心腹筒是从基础建起的，直达 87 层楼。在这里，数字"8"再次有所体现，心腹筒的钢支架与 8 个矩形柱相连，组成了外部结构。结构的外壳也由 8 根钢柱组成，它们为建筑提供了更多支撑。

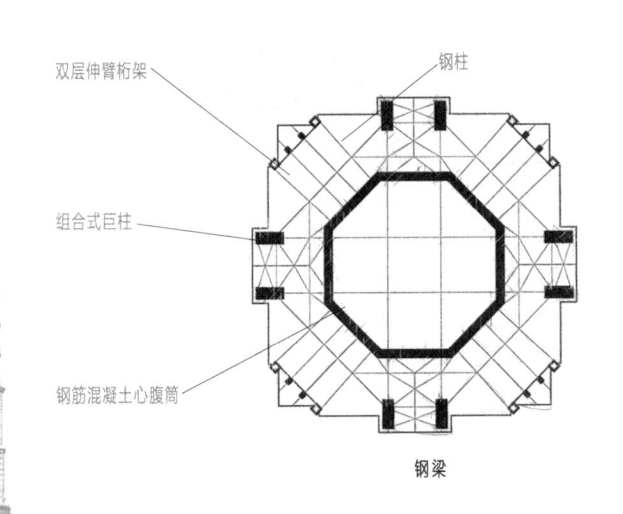

双层伸臂桁架
钢柱
组合式巨柱
组合式巨柱
钢筋混凝土心腹筒
钢筋混凝土心腹筒
伸臂桁架

钢梁

功能

金茂大厦最大的承租人是一家五星级酒店——上海大酒店，它占据了大楼的上半部分。大楼其余的空间主要用于办公，还包括一些设施，像是商店和餐馆，都分布在靠近地面层的地方。

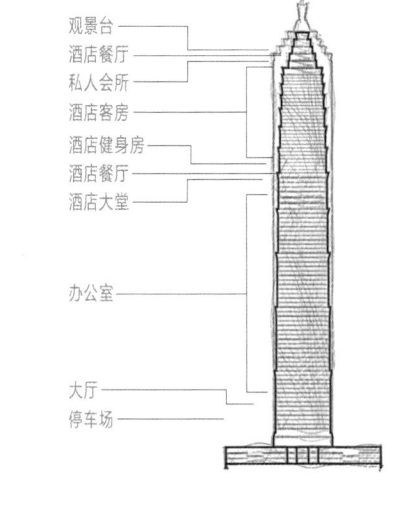

观景台
酒店餐厅
私人会所
酒店客房
酒店健身房
酒店餐厅
酒店大堂

办公室

大厅
停车场

大楼的运动

泳池

位于 57 层楼的泳池是世界上最高的泳池之一，也是足以夸耀的上海奇观。它同样是一个阻尼器，可抵消风力带来的横向晃动，有利于建筑的稳定。因为水和建筑结构并不是紧密连接的，而泳池的体积又相当可观，在惯性的作用下，泳池能反向抵制建筑的晃动。

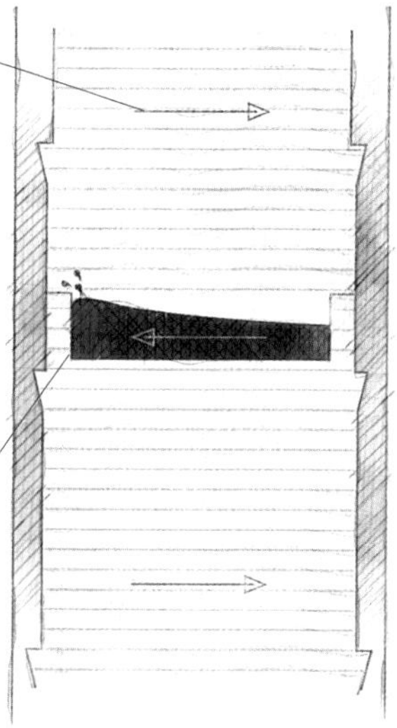

池水回压，抵消建筑的运动

古代的影响

大楼的设计深受中国古代建筑的影响。建筑的退台和装饰令人想起散布在大地上的多层宝塔。

西安大雁塔
公元7世纪

建造时间：
1994—1999 年

高度：
321 米

阿拉伯联合酋长国迪拜

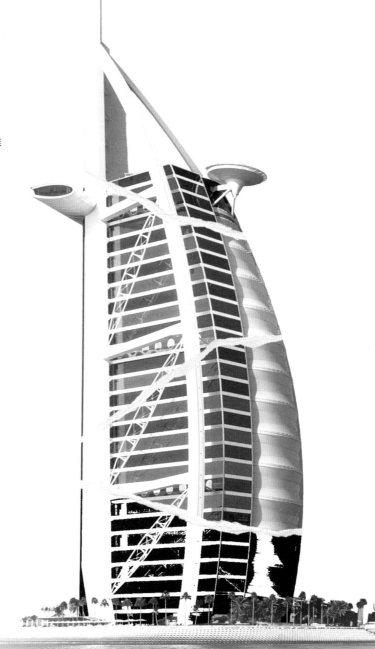

阿拉伯塔酒店

如今的迪拜是世界著名的旅游、贸易和金融中心，拥有众多全球最引人注目的摩天大楼。然而，如果你将迪拜如今的天际线与20世纪90年代的去比较，那时的迪拜几乎让人辨认不出。当阿拉伯塔酒店的建设工程在人工岛上启动时，这片土地的开发还处在起步阶段，自然而然地，阿拉伯塔酒店成了迪拜的第一个重量级地标。

光辉璀璨的摩天大楼接二连三地在迪拜拔地而起是本地经济强劲发展的结果，这一切主要归功于20世纪70年代的石油贸易的繁荣和领导者的远见。为了建造出一座能成为城市灯塔的标志性建筑，政府联系了阿特金斯公司——一家总部设在伦敦的综合型咨询公司。首席设计师汤姆·莱特提出了船形酒店的设计草案。在人工岛上临海而建，这座大楼一定会备受瞩目。

从外部可以看出，可居住楼层在距离结构顶端很远的位置就已经没有了。不仅如此，更不可思议的是，如此庞大的建筑只有28层和202间卧室套房。也就是说，每一层楼都有双层楼的高度，而这只不过是酒店之奢华的沧海一粟。即使是在建设的收尾工作上依旧挥金如土，黄金叶、马赛克，还有各种类型的大理石随处可见。因此，它常作为世界上第一座七星级酒店而被人们提及也不难理解了。

中庭

阿拉伯塔酒店的中庭是世界上规模最大的中庭，从大厅一直贯通到顶层。它不仅填充了两翼之间的空间，也是酒店中不可忽视的第三空间。它的体积足有28.5万立方米，相当于100个标准的奥运会游泳池。

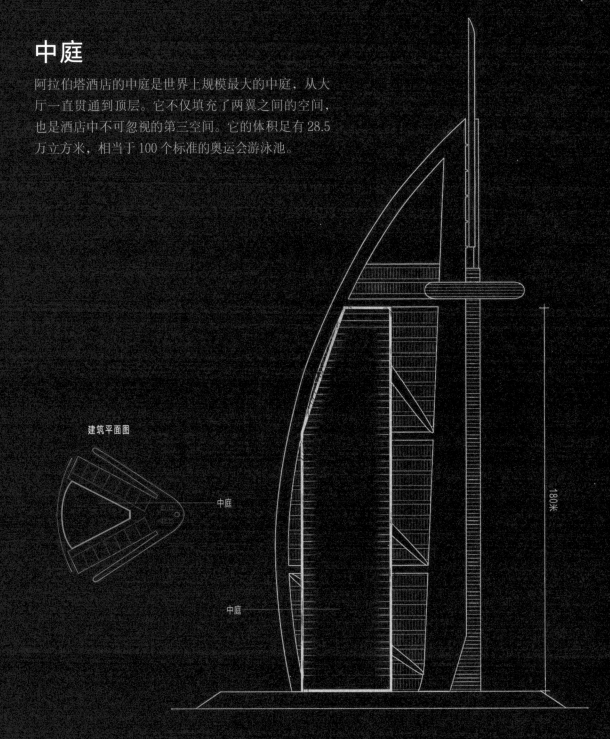

建筑平面图

中庭

中庭

180米

得热量

受气候影响，这个地区的建筑尤其容易受得热量的影响。得热量越高，建筑的运行成本就越高，因为更多的电力将用于空调制冷以抵消吸收的热量。

"帆布"

建筑宽阔的尾端覆盖有一层"帆布"，它纵穿由对角钢桁架支撑的 12 个弧形部分。白天时它看起来光滑而洁白，但是到了晚上就会反射出整夜循环变化的五彩斑斓的灯光。这个材料由聚四氟乙烯和仅 1 毫米厚的玻璃纤维组成，能有效散热，帮助建筑保持凉爽。白天的时候，光线能穿过材料到达中庭，继而省去了传统的窗户。

空置高度

加盖高塔或者尖顶是增加摩天大楼高度的常规操作，这样既不会大幅增加成本，也不会提升工程的难度。世界高层建筑与都市人居学会（CTBUH）将建筑的这些部分定义为"虚荣高度"，因为它们并没有实际用处，只是开发商和产权人炫耀的借口。这种做法并不新鲜，但阿拉伯塔酒店将它发挥到了极致，大楼 39% 的高度都是空置的。

建造岛屿

阿拉伯塔酒店所在的岛屿历时一年建成。它距海岸线 280 米，仅高过海平面 7 米，虽然看起来似乎很危险，却成功营造出了"帆船"真的停在海面上的视觉效果。岛屿的四周排列着穿孔混凝土，它们能像海绵一样阻挡海浪的压力。

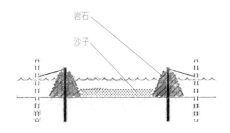

临时桩
板桩墙

1 将和建筑占地面积等大的板桩墙沉入沙中，并用临时桩加固。

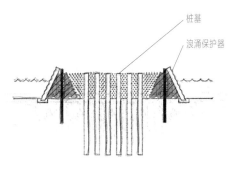

岩石
沙子

2 在板桩墙四周垒上岩石，中间用沙子填充。

桩基
浪涌保护器

3 将230根钢筋混凝土桩下沉45米直达海床，外部放置混凝土浪涌保护器。

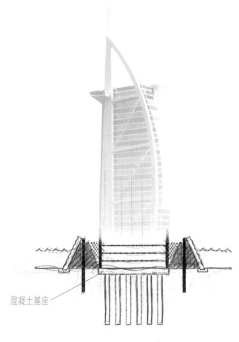

混凝土基座

4 移除中心的一些沙子，在裸露出的桩基外围浇筑混凝土，之后可以开始大楼主体结构的建造。

建造时间：
1999—2004 年

高度：
509.2 米

中国台北

台北 101

台北 101 大楼持有一项至今无人能打破的纪录，即建造在地震带上的世界最高建筑，距离大断层线[1]仅 200 米。作为世界上第一座超过 500 米的建筑，台北 101 大楼是地标中的地标。

和同一地区的其他大型工程一样，101 大楼的设计充满浓郁的东方韵味。除了数字"8"（最明显的就是组成竖井的 8 个独立部件），数字"101"也随处可见。"101"与时间飞逝紧密相关，又寓意新的开始，因为新一年开始的日期总是写作"1-01"（1 月 1 日）。从传统的层面看，"100"象征着完满，"101"顺理成章意味着好上加好。从这个意义上看，这个数字象征着超越完美与追求卓越。

大楼的这 101 个楼层因此成了大楼与卓越未来的寓意之间的直接联系。

但是，要对抗恶劣的环境，大楼需要的不仅是好运的象征和标志。除了地震频发，台北还是台风高发地，这样的地理位置绝不适合建造摩天大楼。深根固柢的基础、绝对坚韧的结构和坚固宜居的内部空间，缺一不可。最终建成的大楼，足以抵抗 9 级大地震。

竣工之后，李祖原联合建筑师事务所的主建筑师王重平，不仅创造出了世界上最高的大楼，更了不起的是，这座大楼还是世界上最稳固的建筑之一。

1　断层线：地震的起源是地壳中的断层线。岩层或岩体破裂错开，沿两盘发生相对移动的面，称断层面。断层面与地面的交线称断层线。——译者注

调谐质块阻尼器

台北 101 大楼十分靠近断层线，因此需要使用额外的
预防措施来降低地震的影响。为了避免楼体出现任何
的晃动，建筑者在 87 到 91 层垂吊了一个巨大的钢制钟
摆，也就是调谐质块阻尼器，并在阻尼器底部安置液压
油缸。一旦建筑出现了晃动，钟摆就能沿相反的方向摆
动，从而降低影响。

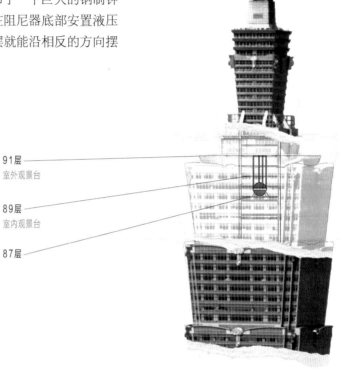

91层
室外观景台

89层
室内观景台

87层

钢球

建成当时，大楼内部的调谐质块阻尼器是世界上最大
的。它由 41 块圆形钢板焊接而成，每块钢板厚 12.5
厘米，球体总重量可达 660 吨。

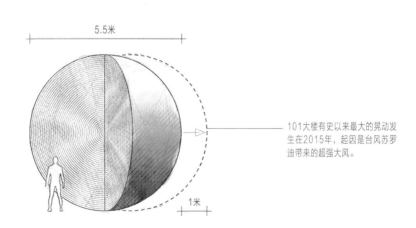

5.5米

1米

101大楼有史以来最大的晃动发
生在2015年，起因是台风苏罗
迪带来的超强大风。

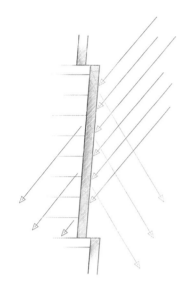

节能窗户

大楼有意建成节能型建筑，从人造光到水的循环利用，大约可以节约建筑总需能耗的 1/4。窗户也不例外，它们由双层蓝绿色太阳能控制玻璃构成，可以出色地阻挡紫外线，从而减少了 50% 的建筑得热。

结构

大楼的核心是 16 根钢制柱子，周边环绕着 8 根重列柱，每一面墙各有 2 根。为了承载更多的重量，柱子用混凝土浇筑，但是只浇筑到 62 层，再往上的楼层是纯钢结构。每 7 层有一个设备层，装置着连接核心与周边的钢桁架。

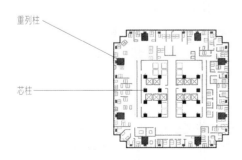

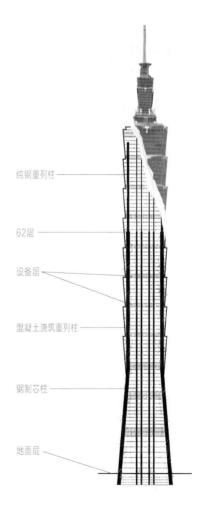

纯钢重列柱

62 层

设备层

混凝土浇筑重列柱

钢制芯柱

地面层

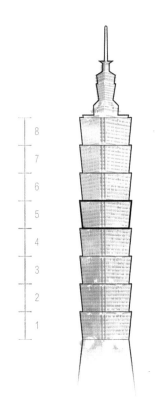

传统

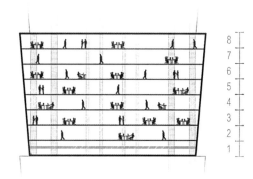

和金茂大厦一样，数字"8"在设计中十分突出，因为它在中国文化中寓意财富、吉祥。大楼的主体由8部分组成，每个部分又包含了8层楼。

象征

和香港中银大厦一样，台北101大楼也模仿了竹子，因为竹意味着节节高升。区别在于，二者模仿的角度不同，台北101大楼更重模仿竹竿边缘的槽口，而不是在最后创造出的角度。

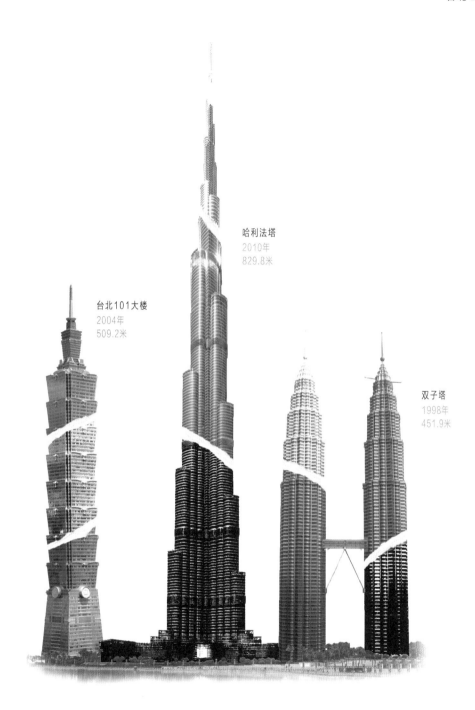

哈利法塔
2010年
829.8米

台北101大楼
2004年
509.2米

双子塔
1998年
451.9米

世界最高建筑

自 2004 年建成起，台北 101 大楼就成了世界第一高
楼，直到 6 年后被哈利法塔取代。

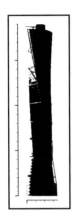

建造时间：
2001—2005 年

高度：
190 米

瑞典马尔默

旋转大厦

旋转大厦螺旋式上升的非凡设计在摩天大楼中是史无前例的。旋转大厦由才华横溢的西班牙设计师圣地亚哥·卡拉特瓦拉设计，他在绘画、建筑、结构工程和雕塑上都颇有建树，尤其擅长建造突破想象的吊桥。

1985 年，卡拉特瓦拉还在制作他的"旋转"系列雕塑。那是由数个白色大理石方块叠加的组合体，由"脊柱"固定整体。越往上，石块的扭曲度数越大，最上层的石块与底层相比，扭曲达 90°。这系列雕塑的布置模拟了人类脊柱的形状；大自然中的运动和人体是卡拉特瓦拉的灵感源泉。

1999 年，时任合作住房协会（HSB）常务董事的强尼·奥巴克找到了卡拉特瓦拉。在看到那些雕塑后，他提议由卡拉特瓦拉为马尔默建造一座类似的地标。尽管强尼·奥巴克拥有坚定的信心，但仍需设计师拿出有说服力的方案。一方面，要把 1.5 米高的艺术品变成摩天大楼，改造工程十分庞大；另一方面，他不确定实际完成的建筑能否保持同雕塑一样的动感。从结构上看，需要有一个核心筒贯通大厦，来支撑建筑的重量、容纳电梯和楼梯的空间，因此，雕塑的正方体部件变成了不规则的形状，以服务于楼层的使用空间。毫无疑问，最终的效果完美，近乎百分之百地完成了设想。

梦幻般的扭曲

旋转大厦虽然不是世界上最高的建筑，却因其革命性的设计，成为世界上最值得称道的摩天大楼之一。实际上，这也是第一座由上至下扭转的高层建筑，这种风格如今已经风靡全球。

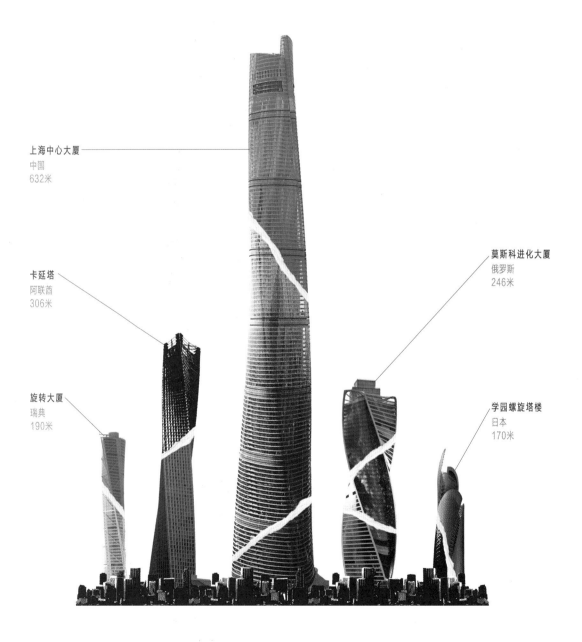

上海中心大厦
中国
632米

莫斯科进化大厦
俄罗斯
246米

卡延塔
阿联酋
306米

旋转大厦
瑞典
190米

学园螺旋塔楼
日本
170米

摇晃的窗户

由于形态扭曲，大厦的立面不是常规的垂直或水平，其窗户的形状也是不规则的，近似平行四边形，拥有笔直的水平线和斜的"立柱"，并且向外倾斜或向内倾斜7°。

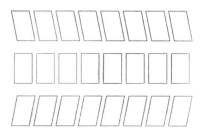

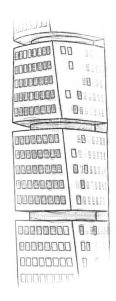

新天际线

从20世纪70年代开始，马尔默的天际线就只有一辆巨大的起重机，它曾被当地的造船厂使用。2002年，这辆闲置的科肯斯克起重机被拆卸运往韩国，所以当地政府认为有必要新建一个地标以弥补天际线的缺口。

结构

旋转大厦由9个单元体组成，每部分包含5层楼。楼层平面近乎方形，在其中的一边增加了一个三角形空间，每个楼层都相对下面的楼层旋转了1.6°，大厦整体因此呈现出一种非常一致的扭曲。每个部分的中心由一个圆柱形混凝土核心筒贯穿，核心筒内包含电梯、楼梯和服务设备。

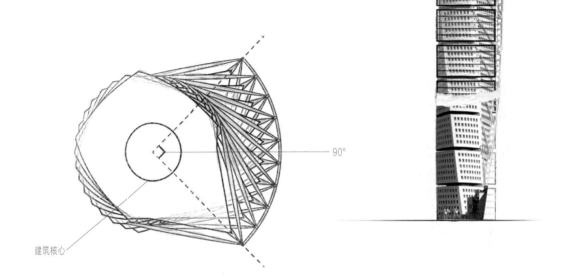

90°

建筑核心

龙骨

钢结构的外部覆有白色涂料，向上延伸的螺旋体模仿了人的脊柱，通过许多水平支撑和斜支撑将所有的横向力传导至建筑的核心。

自动升降脚手架

为了确保高效施工，工程团队使用了自动升降脚手架（ACS）。这种机器能竖直贴合核心筒，其顶端伸出一个起重机似的吊臂，能够将混凝土倒入当前工作高度的模具中。一旦混凝土凝固，ACS 就会继续向上爬升，并在新的高度施工。为了连续运转，在地面层设有一个混凝土泵，它能以每分钟 1 吨的速度将混凝土向上输送。

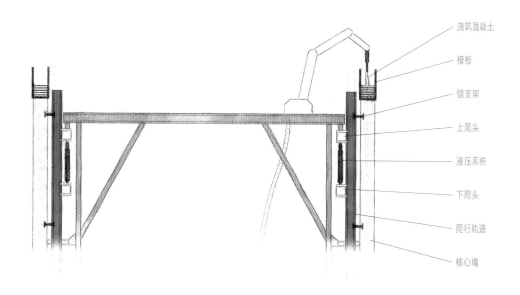

浇筑混凝土

模板

锚支架

上爬头

液压系统

下爬头

爬行轨道

核心墙

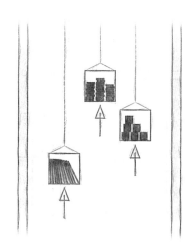

高架建筑

弯曲的立面使施工过程中无法安装提升机，所以，一开始是用核心筒内的电梯来运输材料的，电梯也随着建筑高度的提高不断加盖。

建造时间：
2002—2005 年

高度：
322.5 米

澳大利亚昆士兰

Q1

坐落在昆士兰南部黄金海岸的 Q1 大厦，傲然俯视着昆士兰的其他建筑。这座城市有百余座超过 20 层的高楼，可被称为高海拔都市。但它保留了一种在大城市中很少见的轻松愉快的氛围。昆士兰被澳大利亚打造成了主题乐园之城，成为极受欢迎的旅游目的地。城市中绝大部分的摩天大楼都是民用住宅。

2000 年，伊朗裔澳大利亚富商索非尔·阿拜迪安计划建造 Q1 大厦。他的太阳城集团负责设计、完善并实现这个项目。

恰逢悉尼奥运会正在举行，他们从奥运火炬获得设计灵感，并且得到了国家划船队 Q1 的首肯，Q1 也因此成了大楼的名字。

除了令四周建筑望尘莫及的高度，Q1 大厦还因摆脱了高层建筑普遍的盒形设计和它光滑的玻璃幕墙而脱颖而出。从落成之日到 2005 年底，它是世界上最高的纯住宅大厦，也是南半球最高的建筑。尽管这两个殊荣如今都已易主，但 Q1 大厦仍然是澳大利亚的最高建筑。

屋顶

和那些为了增加高度而加盖顶部的建筑不同，Q1 大厦设计了令人叹为观止的高空步道。观光者可乘坐高速电梯到达 77 层，戴上安全设备后，进入外部开放空间，来到距地面 240 米高的平台，然后沿着椭圆形屋顶结构的楼梯步道上行。步道的最高处高于起始平台 30 米，提供了凌驾于城市地平线 270 米之上的 360° 全景视野。

温室

Q1 大厦内部设有"空中花园"。这是一座人造雨林，棕榈树、其他各类树木和蕨类从中庭拔地而起。温室纵深 30 米，从高于地面层 180 米的位置起建，是澳大利亚当之无愧最大、最高的温室。

138米

南半球最高建筑

科林斯街120号
澳大利亚
265米

尤里卡大楼
澳大利亚
297米

大圣地亚哥塔
智利
300米

Q1
澳大利亚
322.5米

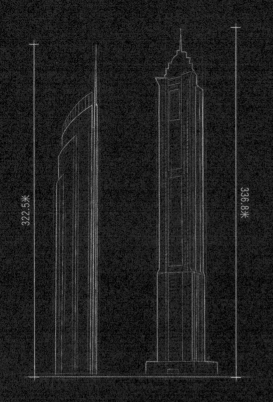

322.5米

336.8米

最高住宅

落成之时，Q1 大厦成了世界上最高的住宅，从 2005 年到 2011 年，它都是这个纪录的保持者，直到火炬大厦面世。

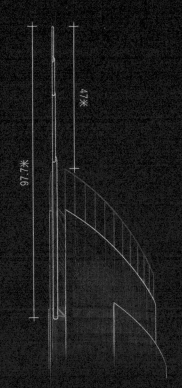

97.7米

47米

尖塔

大厦的尖塔从75层起建，底座至顶端长47米，重87吨，整体结构高97.7米，包含12个部分，是世界上最长的尖塔。

夜灯

夜幕降临，强力弧光灯点亮了尖塔，塔身星光璀璨，远在200千米以外都清晰可见。

建造时间：
1997—2008 年

高度：
492 米

中国上海

上海环球金融中心

上海环球金融中心（SWFC）是在浦东拔
地而起的第二座超级摩天大楼。尽管名字
很商务，但它不仅是一座办公楼，还包含
大型会议室、博物馆、观景台、零售区
和一家在开业时就是世界最高的酒店。

1997 年，这座大楼的开发商——日本森
建筑公司——委托摩天大楼专家科恩·
佩德森·福克斯（KPF）在上海蓬勃发展
的金融区设计这座世界最高建筑。建筑
师们着手设计一座优雅的建筑，和通常
的大楼一样逐渐向上收窄，顶端还有孔
洞。但是方案公布后，当地政府拒绝了
孔洞的设计，他们只好重新设计。当时，
李祖原联合建筑师事务所正好在起草台
北 101 大楼的设计，也是想将其建成世
界第一摩天大楼。

金融中心的基础工程于 1997 年 8 月启
动，但因时值亚洲金融危机，所以基础
工程完工后，大厦的建设就停止了。工
程中止期间，森建筑公司重新设计了建
筑，意欲与台北 101 大楼抗衡。然而，
城市建设局将建筑的高度限制在 492 米，
很遗憾，SWFC 称霸世界的希望遽然破
灭。新方案中大楼的高度比原来的更高，
需要的地基也更深。由于当时的基础已
经修建完毕，所以只能把大楼建得更轻，
以承担由更高高度带来的更大风载荷。
这并不是轻而易举的事情，但工程师们
提出了完美的方案，他们也因此备受称
赞。到了 2003 年，工程终于再度开始。
建成之时，它是世界第二高的建筑。但
实际上，它的屋顶和最大可达高度已经
高于台北 101 大楼，只是 101 大楼顶端
点缀的尖塔让其保有了世界第一的地位。

功能与结构

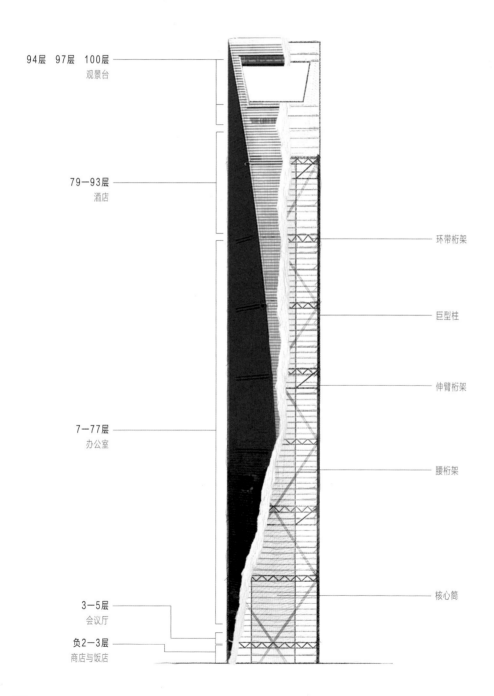

94层 97层 100层
观景台

79—93层
酒店

环带桁架

巨型柱

伸臂桁架

7—77层
办公室

腰桁架

核心筒

3—5层
会议厅

负2—3层
商店与饭店

观景台

大楼的 3 个观景台分别位于孔洞的上方和下方，最低的一个位于 94 层。这个观景台挑高 8 米，是 3 个观景台中楼层面积最大的一个，因此也常常用于展览。另一个观景台在 97 层，就在孔洞正下方，观光者透过玻璃天花板可以看到广阔的天空。最高的观景台在孔洞上方，除了落地玻璃墙面，地板也是由玻璃做成的，它为观光者提供了一个俯瞰城市风光的真正独特的视角。

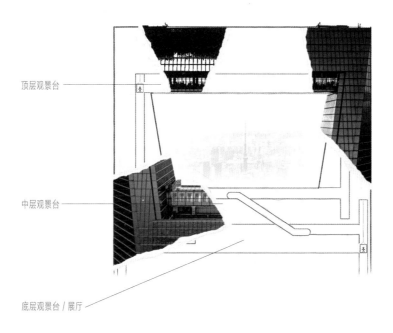

顶层观景台

中层观景台

底层观景台 / 展厅

没有尖塔

SWFC 在建成之时是世界上最高的平顶建筑。原计划的高度是 509 米，这样便能从台北 101 大楼那里夺走"世界最高"的桂冠，但由于高度限制，最终只能勉力加盖屋顶直到 492 米。有人建议在楼顶加盖尖塔，这样就有望成为世界第一，但建筑师和开发商都认为此举将破坏建筑的美感。

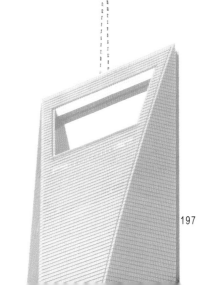

孔洞的雏形

大楼顶部的孔洞主要用于降低风载荷给大楼带来的压力。孔洞最初的设计是圆形的，因为在中国神话中，圆形象征着天空。由于当地人抱怨这个形状太像日本的太阳旗，所以将其修正为梯形。结构的最终造型近似于一个开瓶器。

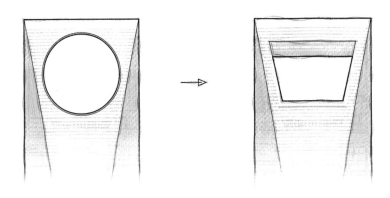

各式孔洞

SWFC 并非唯一拥有如此突出孔洞的建筑，放眼全球，许多建筑都有类似的结构。

王国中心大厦
沙特阿拉伯

杜克能源会议中心
美国

广州圆大厦
中国

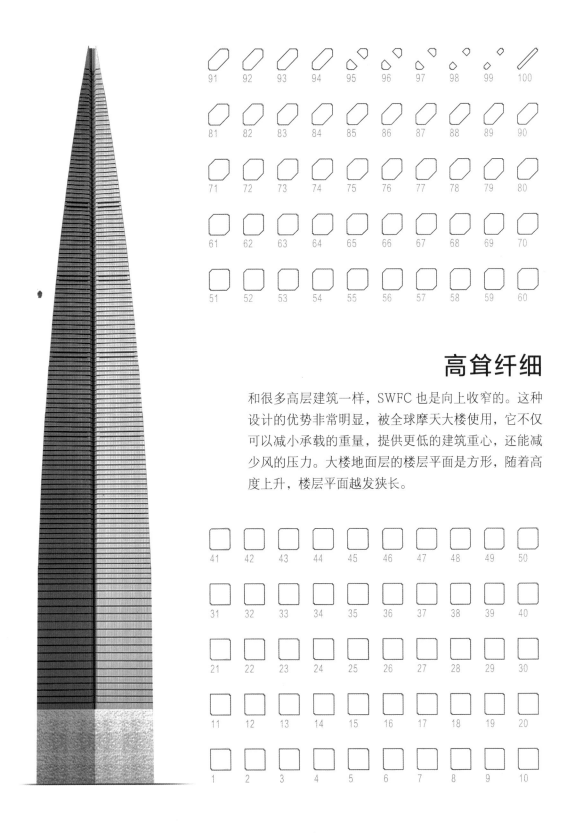

81 82 83 84 85 86 87 88 89 90

71 72 73 74 75 76 77 78 79 80

61 62 63 64 65 66 67 68 69 70

51 52 53 54 55 56 57 58 59 60

高耸纤细

和很多高层建筑一样，SWFC 也是向上收窄的。这种设计的优势非常明显，被全球摩天大楼使用，它不仅可以减小承载的重量，提供更低的建筑重心，还能减少风的压力。大楼地面层的楼层平面是方形，随着高度上升，楼层平面越发狭长。

41 42 43 44 45 46 47 48 49 50

31 32 33 34 35 36 37 38 39 40

21 22 23 24 25 26 27 28 29 30

11 12 13 14 15 16 17 18 19 20

1 2 3 4 5 6 7 8 9 10

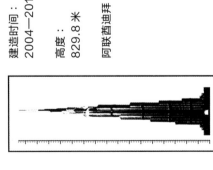

哈利法塔

哈利法塔直指天宇，划破云霄。从立项开始，它就立志在成为世界最高大楼，要让它的前辈台北101大楼望尘莫及，它也是迪拜蓬勃发展的金融和娱乐中心的最重要一环。修建哈利法塔是伊玛尔地产总裁穆罕默德·阿里·阿巴尔的愿景，他希望能通过超乎寻常的建筑让迪拜获得更多国际声誉。为此，他们基于提交的方案质量，选择了当时在SOM设计

建造时间：
2004—2010 年

高度：
829.8 米

阿联酋迪拜

基础

这座 45 万吨的建筑由一个形状与大楼的底座近似的钢筋混凝土筏形基础支撑。基础的下方是 192 根混凝土桩基，每一根桩基直径 1.5 米，长 50 米。

50米

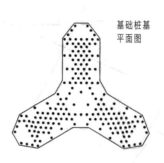

基础桩基
平面图

尖塔

无人居住的尖塔高度可以与一些摩天大楼的高度相媲美。

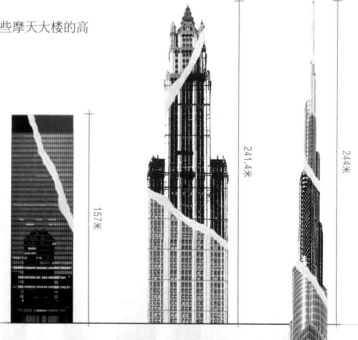

157米

241.4米

244米

当世杰作

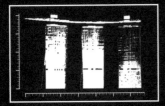

建造时间：
2007—2010 年

高度：
206.9 米

新加坡中心区

功能

在计划早期，哈利法塔是纯粹的住宅楼，
但是在决定增加办公区和其他设施后，
就成了一座多功能建筑。

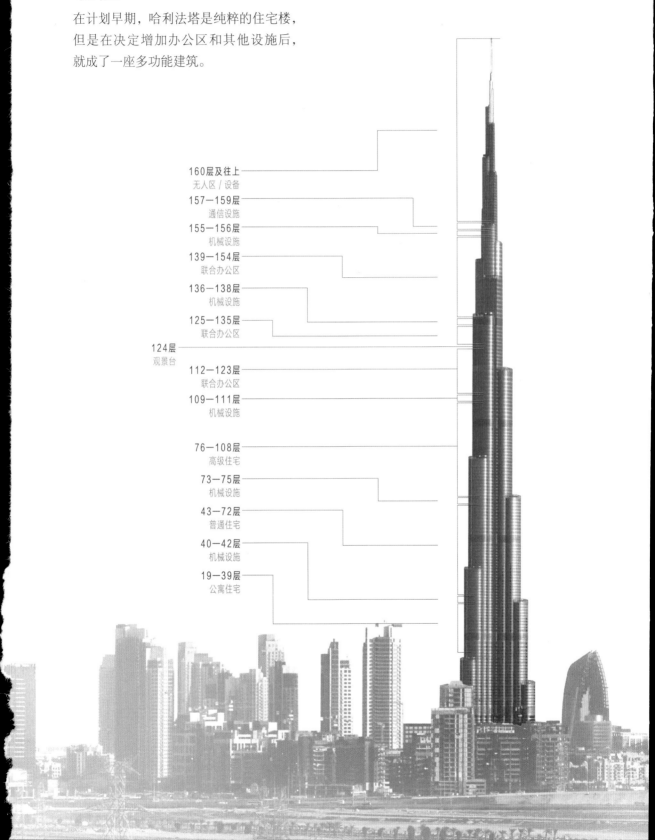

160层及往上
无人区／设备

157—159层
通信设施

155—156层
机械设施

139—154层
联合办公区

136—138层
机械设施

125—135层
联合办公区

124层
观景台

112—123层
联合办公区

109—111层
机械设施

76—108层
高级住宅

73—75层
机械设施

43—72层
普通住宅

40—42层
机械设施

19—39层
公寓住宅

事务所工作的阿德里安·史密斯。在项目早期，建筑只比劲敌台北101大楼高出10米。对于超越对手成为世界第一来说，10米是一个常规且合理的增量，从克莱斯勒大厦起就一直沿用。但是，哈利法塔必须创造历史。新方案即开始设计，但为了避免在建造期间被超过，最终高度的工作做得滴水不漏。最终高度的宣布和施工的完成几乎同期，自揭幕之日起，它就将台北101大楼远远甩在身后，且高出了令人叹为观止的60％。不仅如此，它还打破了多项世界纪录，不只拥有最高景台、最多楼层数（211），最高可使用楼层、最高电梯设施、最高立式混凝土泵，还有最高夜店，如此种种，不一而足。

哈利法塔也因其革命性的设计屡获殊荣，它的设计灵感部分来自沙漠之花，据设计师史密斯称，更大原因是考虑到建筑长期处于肆虐的沙漠风暴中。大比例的退台设计让整座建筑呈现出类似尖塔的形状，且在压力测试中证明了结构的稳定性，还把会导致建筑前后晃动的风旋降至最低。这个设计不仅是美的，且更具有功能性。

蜘蛛兰

建筑的平面图形似抽象的水鬼蕉属的一种花,并创作了
三支点平面。水鬼蕉也叫蜘蛛兰,娇嫩鲜美,却十分强
韧,可以抵挡严酷的气候和极端天气,这一点与建筑完
美契合。从高空俯瞰,退台犹如片片花瓣。

最高结构

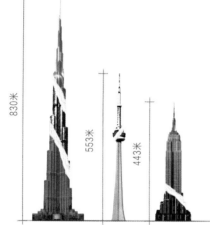

这座庞大的大楼不仅是世界最高的建筑,也是当时最
高的结构[1]。在超越了位于多伦多的加拿大国家电视塔
后,它成为继帝国大厦之后第一座同时拥有双冠荣誉
的建筑。

---

1 结构(structure):在建筑中,由若干构件连接而构成的能
起承受作用(或称载荷)的平面或空间体系。——译者注

哈利法塔的诞生带来了一种全新的摩天大楼：超高层，此类建筑的最低标准是600米。哈利法塔"超尘拔俗"。将这样一座非凡的大楼当作建筑新时代的开辟者是实至名归的。

滨海湾金沙酒店

滨海湾金沙酒店是当代建筑和工程领域令人瞠目结舌的成就。酒店最令人刮目相看的成就是坐落在大楼顶层的、距地面200米高的约2.5英亩（约1万平方米）的花园。配备有游泳池、跑道、花园以及其他设施，更不必说从北楼伸出的悬臂部分，这座空中花园一定会让人过目不忘。

这座度假酒店是新加坡政府规划的两个大型度假胜地之一，目的是推动发展新加坡的经济和旅游业。为了实现这个设想，他们与建筑师莫什·萨夫迪达成合作协议，要设计出史上最昂贵的独立综合度假酒店。萨夫迪是这个项目的完美

人选，他以擅长在建筑中融入开放式园林空间而著称，这与新加坡"花园城市"的规划目标不谋而合。这座由3栋55层酒店大楼支撑的公园的设计灵感来自纸牌，与休闲度假酒店非常匹配，尤其是一个拥有设备精良赌场的度假胜地。

滨海湾金沙酒店原定于2009年开放，由于人力短缺、成本剧增以及全球金融危机，工程被迫停滞。为了在园区完工前收回部分资金，度假酒店分阶段开放，第1期是在2010年4月。盛大的开幕式直到2011年2月才举行，尽管企盼已久，但等待是值得的。

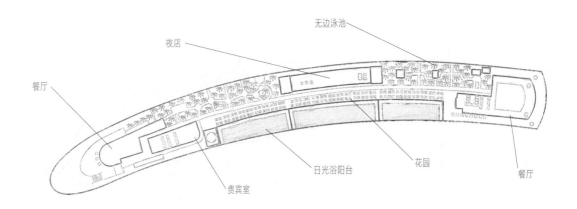

餐厅　　夜店　　无边泳池　　花园　　餐厅

日光浴阳台　　贵宾室

空中花园

12400平方米的空中花园横跨3座大楼的屋顶，并在北楼伸出悬臂式观景台。花园内有许多为客人设置的奢华设备，包括一座146米长的无边泳池（分成了3个部分），还有成百上千株树木和花草。花园可同时容纳3900人，直立的高度超过克莱斯勒大厦。

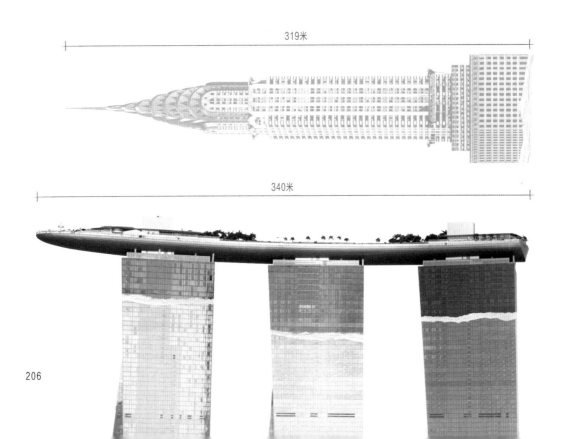

319米

340米

空中花园的建造

为了完成空中花园，需要在 3 座大楼的顶上组装 7000 吨的结构钢。结构部件先在地面组装好，然后由装在楼顶的起重设备运至屋顶。钢部件以每小时 15 米的速度向上拉升，每个部件都需要 13 个小时才能送到顶部。

输送过程

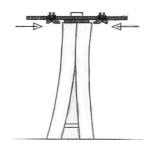

1 将钢结构连接在钢绞线千斤顶的缆索上，缆索的直径达90毫米。接着，钢绞线千斤顶将结构平稳拉升至屋顶。

2 千斤顶把钢结构拉向建筑，并将部件安置在最终位置上方。

3 部件落入规定位置，用螺栓互相连接。整个过程大约需要3天。

悬臂的建造

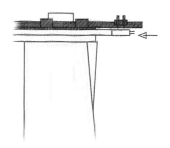

1 一个滑动龙门架从建筑边缘滑出。

2 观景台部件与缆索连接，然后被拉至屋顶。

3 在顶部，这一部件与先前的部件连接。完毕后，滑动龙门架再次伸出，重复前一个过程。

纸牌屋

大楼的倾斜外墙着实为结构工程带来了不小的挑战，尤其是在工程初期建筑倾斜强度最大的时候。由于倾斜的外墙实际上是靠在直立墙体上的，因此需要考虑垂直墙体承受的额外负重。3座大楼的楼身在23层连接，融为同一楼层，但结构仍是独立的，只是都与屋顶空中花园相连。这个设计来自萨夫迪的灵感源泉——纸牌。

摇钱树

这座巨大的综合性建筑内包含1座拥有2561间客房（分布在3栋大楼内）的酒店、250间会议室、会展中心、世界上最大的中庭赌场、2座剧院、7家星级餐馆、1个溜冰场，以及各种各样的设施，已经成了一个利润丰厚的企业，仅此一处就贡献了新加坡1.5%的GDP（国内生产总值）。

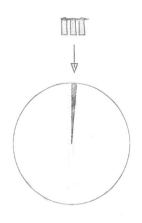

游戏开始

滨海湾金沙酒店的中庭赌场设施十分完备，内有500张牌桌和1600台老虎机。

 牌桌

老虎机

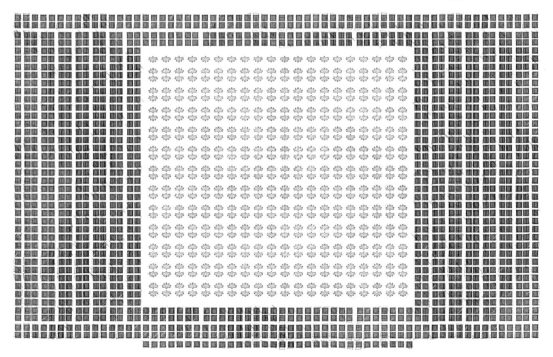

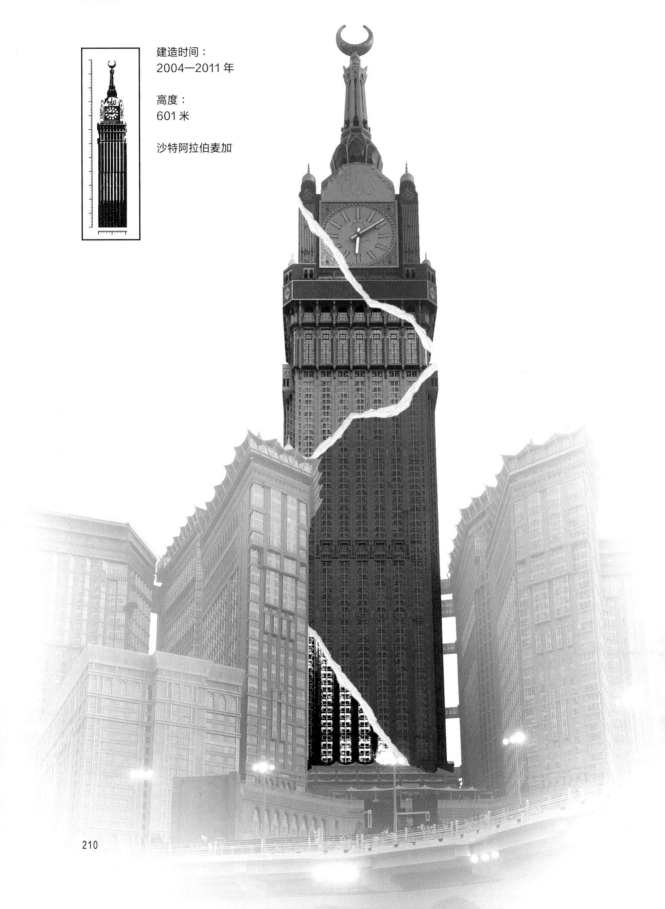

建造时间：
2004—2011 年

高度：
601 米

沙特阿拉伯麦加

麦加皇家钟塔饭店

麦加皇家钟塔饭店气势恢宏。它是由7座摩天大楼组成的复合型建筑阿布拉吉·艾尔·拜特中最大的一座，紧邻麦加大清真寺——世界上最大的清真寺。

大清真寺吸引着大量朝圣者前去朝觐。参与者进入大清真寺，围着其中心的克尔白绕行7圈。整个过程用时5～6天，2017年，超过200万人参与朝圣，这个数字还在不断增加。为了满足人们的需求，也为了推动沙特经济更加多元化，阿布拉吉·艾尔·拜特建筑群应运而生。建筑群如今拥有1座会展中心、2个直升机场，入驻了4000个商家的超级购物中心，还有2间可容纳1万人以上的大型祈祷室（1间男性专用，1间女性专用），当然，还有主楼的120层五星级酒店。主楼顶部有4个巨大的钟盘，分别面向东、南、西、北4个方位。远在30千米以外都能看到钟面，数千盏与沙特国旗颜色相同的白、绿灯泡在祷告时亮起，给人提示。

设计由总部在黎巴嫩首都贝鲁特的多学科公司达尔集团完成，早在奠基之前，这个庞然大物就遭遇了诸多争议。为了给这个"巨无霸"挪位置，建于18世纪奥斯曼帝国时期的阿贾德堡垒遗址被摧毁。

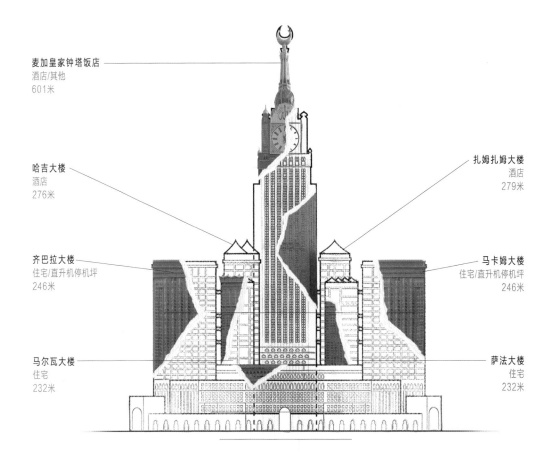

麦加皇家钟塔饭店
酒店/其他
601米

哈吉大楼
酒店
276米

扎姆扎姆大楼
酒店
279米

齐巴拉大楼
住宅/直升机停机坪
246米

马卡姆大楼
住宅/直升机停机坪
246米

马尔瓦大楼
住宅
232米

萨法大楼
住宅
232米

艾尔·拜特塔群

麦加皇家钟塔饭店是由 7 座大楼组成的复合型建筑的中心结构，这些大楼的 15 层都有一个十分宽敞的购物区。

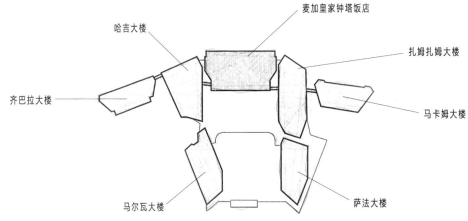

哈吉大楼

麦加皇家钟塔饭店

扎姆扎姆大楼

齐巴拉大楼

马卡姆大楼

马尔瓦大楼

萨法大楼

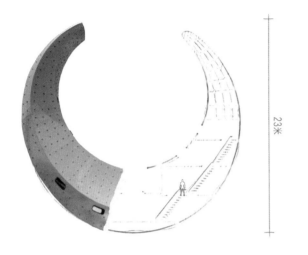

23米

黄金新月

大楼顶部的新月由玻璃纤维制成，表面嵌有璀璨的金片。新月的内部有一间祷告室，是同类建筑中最高的一个。新月整体的高度与6层的小楼差不多高，重量约35吨。

面积庞大

虽然不是世界最高建筑，但它的楼层使用面积却是数一数二的。将7座大楼的面积全部加上，这座复合型建筑的总建筑面积相当惊人。

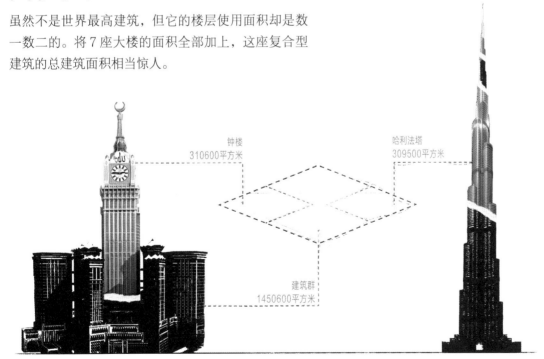

钟楼
310600平方米

哈利法塔
309500平方米

建筑群
1450600平方米

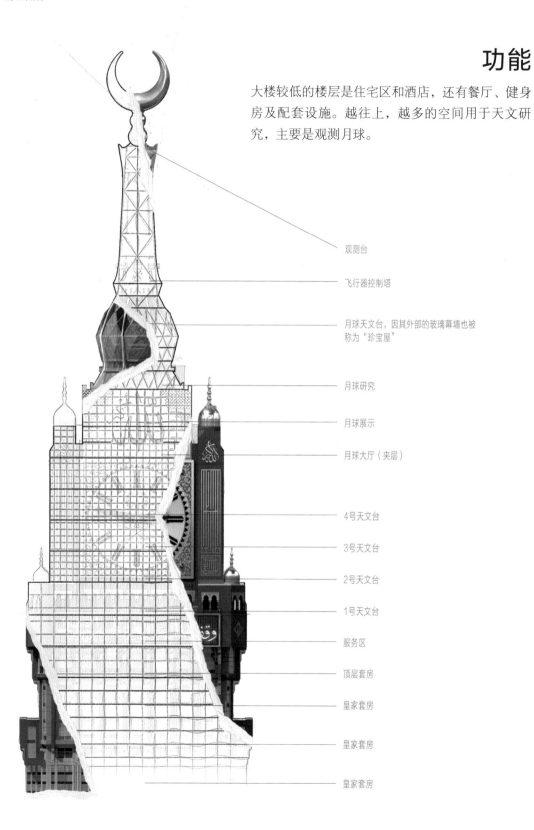

功能

大楼较低的楼层是住宅区和酒店，还有餐厅、健身房及配套设施。越往上，越多的空间用于天文研究，主要是观测月球。

观测台

飞行器控制塔

月球天文台，因其外部的玻璃幕墙也被称为"珍宝屋"

月球研究

月球展示

月球大厅（夹层）

4号天文台

3号天文台

2号天文台

1号天文台

服务区

顶层套房

皇家套房

皇家套房

皇家套房

高空钟表

大楼的 4 座钟表至今仍是世界上最高、最大的钟表。

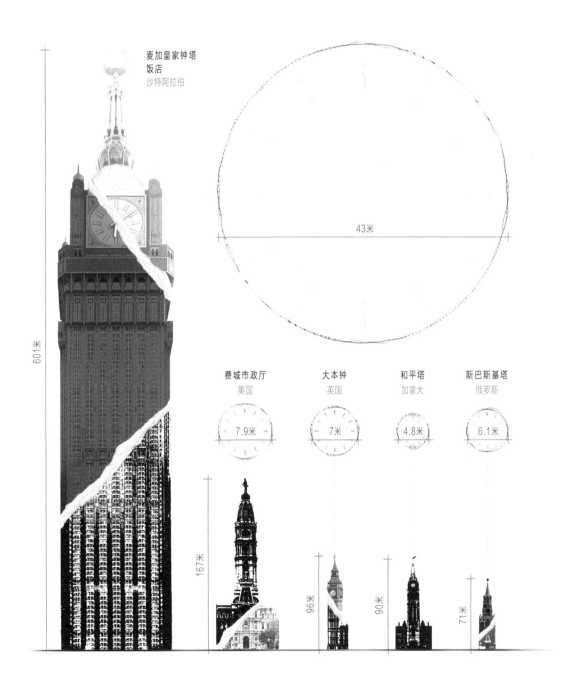

麦加皇家钟塔
饭店
沙特阿拉伯

601米

43米

费城市政厅
美国
7.9米

大本钟
英国
7米

和平塔
加拿大
4.8米

斯巴斯基塔
俄罗斯
6.1米

167米

96米

90米

71米

建造时间：
2008—2012 年

高度：
634 米

日本东京

东京晴空塔

摩天大楼在日本兴起的时间比较晚，这
与地区多发剧烈地震有密切关系。日本
建筑法也规定，建筑高度不能超过 31 米，
这个规定直到 1963 年才被废除。建筑规
则的变化加上战后经济的迅猛发展，引发
了 20 世纪 60 年代到 70 年代东京的建筑
热潮。

在过去的几十年里，日本不仅成为亚洲
发展最快的国家之一，也崛起为世界最
强的经济体之一。东京的建筑业稳步发
展，高层建筑越来越频繁地涌现，由此
产生了干扰电视信号的负面影响。先
前的信号塔是东京塔，高达 333 米，从
1958 年开始运作，在高楼林立的现代天
际线中已经不再占据有利位置。因此，

东京 6 家大型电视广播公司认为，建造
一座超过 600 米的新塔以承载通信功能
极为必要。2005 年，东武铁路公司获得
了建造高塔的殊荣，设计则委托给了日
建设计，这也是东京塔原来的设计团队。

开发商的另一个目的是建造一个纪念碑
式的旅游景点。和东京塔不同，新项目
的结构必须符合日本的精髓，既要具有
很高的审美，又要在技术上有所革新。
最终，东京晴空塔大获成功，还一举成
为世界最高的塔式建筑。

观景台

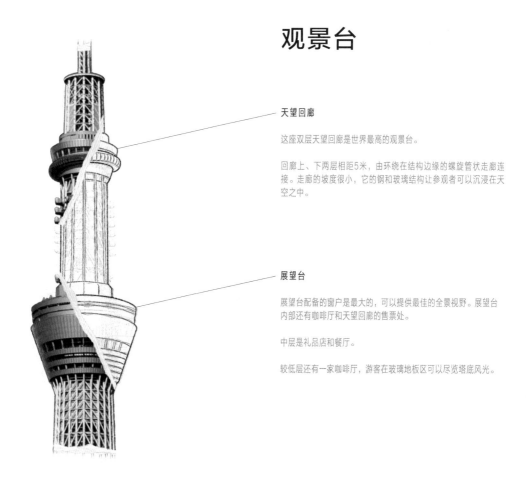

天望回廊

这座双层天望回廊是世界最高的观景台。

回廊上、下两层相距5米，由环绕在结构边缘的螺旋管状走廊连接。走廊的坡度很小，它的钢和玻璃结构让参观者可以沉浸在天空之中。

展望台

展望台配备的窗户是最大的，可以提供最佳的全景视野。展望台内部还有咖啡厅和天望回廊的售票处。

中层是礼品店和餐厅。

较低层还有一家咖啡厅，游客在玻璃地板区可以尽览塔底风光。

广播

东京晴空塔的天线为东京圈及周边地区提供了电视和无线电广播。由于东京塔的信号被周围的高层建筑削弱了许多，所以东京晴空塔便取代了建于1958年的东京塔，成为最主要的广播塔。

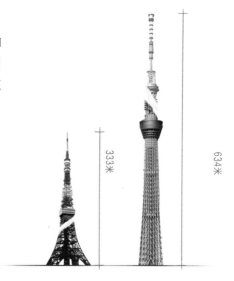

333米

634米

横截面

建筑的底部近似于鼎,横截面是正三角形。高度上升后,三角趋于缓和,横截面更靠近圆形。到了 300 米高时,塔身成了圆柱形。

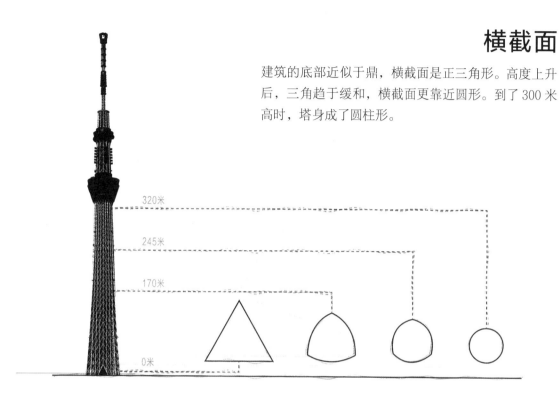

阻尼器

为了抵消该地区多发地震的影响,在 125 米高度以下,建筑的外部结构和核心筒紧密连接。125 米往上直到 375 米的高度,液压阻尼器取代了固定焊接梁,这样能在剧烈晃动时起到缓冲作用。

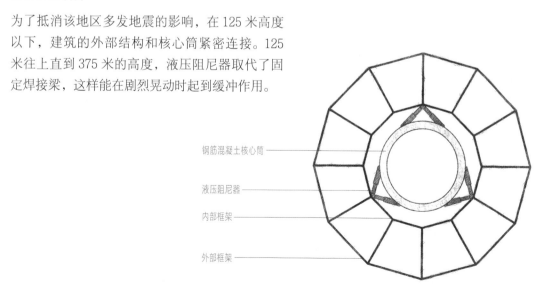

钢筋混凝土核心筒

液压阻尼器

内部框架

外部框架

世界最高塔

吉隆坡塔
马来西亚
421米

默德塔
伊朗
435米

东方明珠塔
中国
468米

奥斯坦金诺电视塔
俄罗斯
540米

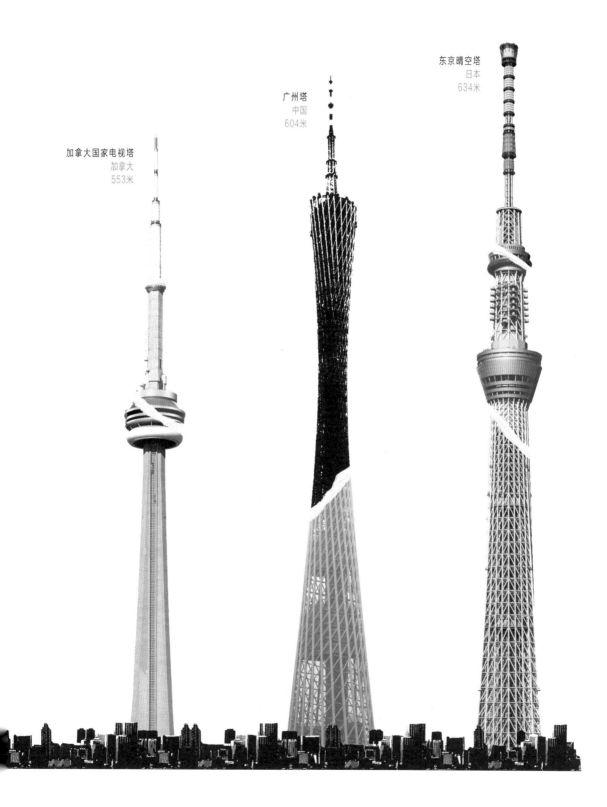

东京晴空塔
日本
634米

广州塔
中国
604米

加拿大国家电视塔
加拿大
553米

当世杰作

建造时间：
2004—2012 年

高度：
234 米

中国北京

222

中国中央电视台总部大楼

中国中央电视台（CCTV）总部大楼是座谜一样的建筑，它那反地球引力的设计，似乎随时都有倾倒的可能。这毋庸置疑是个天才之作，不仅因为它匪夷所思的外形，更因为它那敢于打破对称的勇气，这些也让它成为一座真正的里程碑式建筑。有人也许会说，在比拼高度的竞赛中希望是渺茫的，因为在另一座更高的建筑出现之前，统治天际线的时间是非常有限的。CCTV总部大楼逆潮流而动，不落窠臼，颠覆了人们对摩天大楼的一贯认知。

2002年，CCTV计划增设更多频道并进军国际市场。为了适应公司规模的扩大，CCTV举办了一场全球性的设计竞赛，来为新总部征集方案，最终由大都会建筑事务所（OMA）拔得头筹。获胜的方案试图将大楼内部的运作整合成一个连续循环的活动。通常来讲，电视产业的各部分功能是分割的，行政和管理部门位于金融区，制作工作室位于工业地带，创意部门则位于文化区。但是在新总部大楼内，每个部门都能有一席之地。OMA还设想，建筑环线内的连续性活动将有利于员工间的交流与内部团结。

中国政府专门派了专家小组来评估这座大楼是否真的安全。他们最关注建筑的抗震能力，还为此建了一座缩小比例的建筑模型，设计了各种模拟真实环境的测试来测评。确定无疑之后，工程终于获准启动，先前完成的两座独立大楼也通过悬臂连接在了一起。

功能区

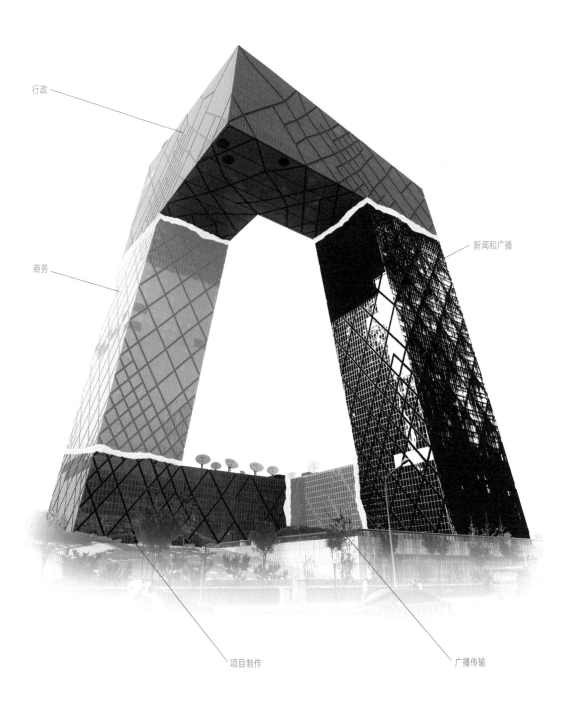

行政

商务

新闻和广播

项目制作

广播传输

悬臂

除了极具挑战性的不对称结构，大楼的悬臂毫无疑问是最惊人的设计。

抽象金字塔

由于建筑用地是正方形的，所有外部立面都向中心倾斜了6°，围成的空间内刚好能放入一座金字塔。这对建筑的稳定大有裨益，因为假如建筑的立面是垂直的，那就需要更重的悬臂。

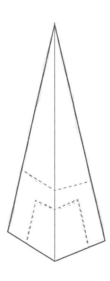
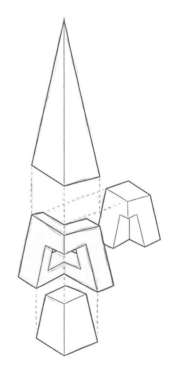

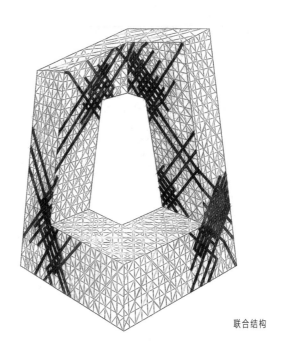

联合结构

斜交网格结构

工程师们在一开始就确定，让悬臂足够坚固的唯一途径是，用外层结构的管道环绕建筑的每一个立面。初步设计的基础是间隔规则的周边柱、梁和桁架，但在结构分析中发现，压力会导致建筑的不同区域发生严重变形。为此，在需要承受更大强度和刚度的位置使用了对角线钢结构，也就是斜交网格，作为双重保险；在其他更强调弹性的地方则不使用这一结构。这样的分布设计在建筑立面上表现得十分明显，多处可见双层或者只有部分的对角线结构。

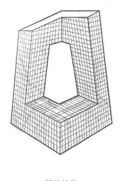

基础结构

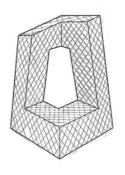

斜交网格结构

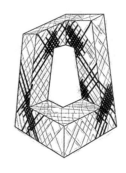

压力分解结构

混凝土核心

建筑的内部结构中分布着不同尺寸的混凝土柱子，这些柱子可以将承重导向地面。电梯也被安置在充当了建筑刚性核心的直立的混凝土承重部件中。由于建筑的特殊形状，这些核心并非对称地分布在中心位置也就是意料之中的了。

高度不是唯一

自100年前摩天大楼出现以来，尽管技术不断突飞猛进，但总体的目标始终未变：成为世界最高。CCTV总部大楼背离了这一传统，用不可思议的形状标榜了自己的独树一帜。

哈利法塔
829.8米

上海中心大厦
632米

乐天世界大厦
555米

世贸中心1号楼
541米

CCTV总部大楼
234米

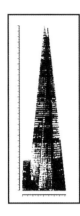

建造时间：
2009—2012 年

高度：
309.6 米

英国伦敦

碎片大厦

碎片大厦的蓝图出自英国开发商欧文·舍勒。舍勒想在伦敦的"心脏"上建造一座"垂直城市"。建筑内部要包含购物区、办公室、酒店、公寓、餐厅以及开放式观景长廊，并在外形上要足够引人注意。他的构想是设计出一座能容下活跃多元社区的建筑，人们在其中可以欣赏伦敦壮观的景色，还能沉浸在建筑的恢宏气势之中。

2000 年早期，舍勒与意大利建筑师伦佐·皮亚诺共进了一次午餐，皮亚诺最初对这个项目并不感兴趣，他说："我讨厌高层建筑，它们趾高气扬、来势汹汹，跟堡垒一样。"然而，他深深着迷于基地附近生机勃勃的铁路和旖旎的泰晤士河，并在菜单背面迅速画出草图：一座屹立在河边的螺旋形雕塑。在他的想象中，

这将是一座明亮通透的建筑，无论多高都不会有损于它的优雅，它将与那些方块堆成的老家伙截然不同。一看到草图，舍勒当即和他签了约。

基地上原有的 25 层南岸塔从 2007 年 9 月开始拆除，一年后从天际线上消失。在此期间，国际金融市场风云变幻，投资方现金吃紧，碎片大厦前途未卜。幸运的是，舍勒成功从卡塔尔投资财团融到资金，工程得以回到正轨。施工从 2009 年 3 月开始，到了 2010 年底，碎片大厦的核心部分就建造超过 235 米，结束了加拿大广场 1 号作为英国第一高楼长达 18 年的统治。2012 年 7 月竣工后，碎片大厦成为欧洲最高建筑，虽然只是昙花一现。同年 11 月，它就被莫斯科水星城超越。

逆作法施工

通常来讲，建筑都是像预想的一样从下往上建。也就是说，先挖出基坑，夯实基础，工程从地下室层开始推进到地面层再往上。为了减少时间和资金成本，碎片大厦用了逆作法施工这一创新技术，它可以在基坑还没有完全挖好的情况下，先把前 23 层的混凝土核心筒及周边结构建好。尽管此前也有类似的案例，但在这样高的建筑上使用逆作法施工还是头一次。

1 将混凝土挡土墙嵌入地下，环绕基地，避免周边地区地面下陷。

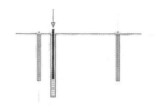

2 将混凝土桩基打入地下，在桩基内部插入钢柱。

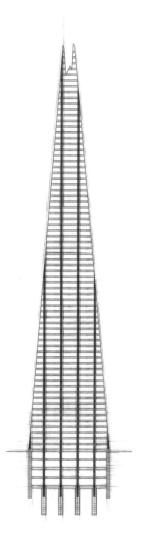

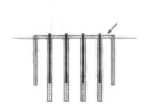

3 安装了足够的桩基之后，在地面层浇筑混凝土楼板，搭建平台，在这个稳定基础上可以继续地面以上的结构施工。

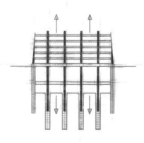

4 大楼继续向上建造，与此同时，地下的挖掘工作也逐渐完工。

5 一旦结束了整个基坑的挖掘，并且所有楼层都在最初的桩基上就位，地下室层和基础的工作也就完成了。

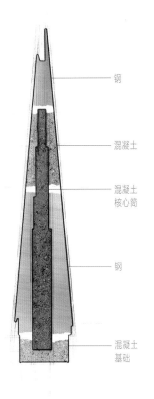

钢

混凝土

混凝土
核心筒

钢

混凝土
基础

结构材料

结构的稳定性主要来自贯穿整个建筑中部的巨大混凝土核心筒，尽管它外围覆盖的混凝土和钢结构层叠得参差不齐。这样设计是基于建筑的功能分区而做的考量。比如说，在住宅区，混凝土是更为优质的隔音材料；而在办公区，钢结构更有利于电力电缆以及其他设备的运行。

反射光

拥有垂直外墙的传统大楼，反射及散射的自然光比例是比较低的。碎片大厦的倾斜墙面由超白玻璃制成，建筑因此对自然光极为敏感。碎片大厦的颜色和亮度，会因为时间早晚、天气晴雨和季节更替而处于不停变化的状态。

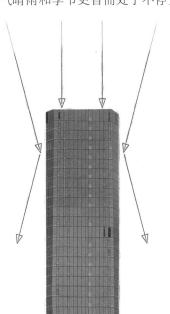

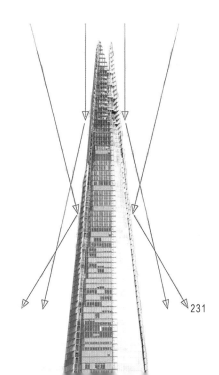

231

玻璃"碎片"

碎片大厦是由围聚在建筑立面上的8块玻璃碎片组成的。在玻璃碎片之后、内部玻璃之外，安装有自动百叶窗，它们的运转可以使建筑保持凉爽，减少空调产生的能源消耗。

23层
办公区

气流

从楼层平面图可以看出，玻璃碎片本身并不接合，如此，自然风可穿过通风管道流动。在大楼的尖塔处有一个散热器，建筑核心的热量可由此排出，这些也坐实了大厦的环境友好型设计。

唯一的摩天大楼

一般而言，建筑规划是不允许在伦敦的这个地区建造如此高的建筑的。但是，由于设计太过出色，又有民意保证，政府才相信它的建造不会破坏历史古城的风貌。

233

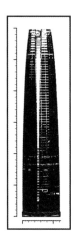

建造时间：
2006—2013 年

高度：
300 米

智利圣地亚哥

大圣地亚哥塔

64 层高的大圣地亚哥塔如巨人一般睥睨着这座城市其他的摩天大楼。作为拉美最高的建筑，它的高度甚至可以与充当圣地亚哥美丽背景的安第斯山脉的某些山峰比肩。大楼隶属于一个大型建筑群，建筑群内部包含南美洲最大的购物中心、2 座酒店和 2 座办公大楼。

鉴于智利地处世界上最严重的地震带，工程的设计和施工必须经过缜密专业的考量。零售帝国 Censosud SA 的亿万富翁 CEO 霍尔特·鲍尔曼，聘请西萨·佩里（双子塔的设计师）来设计这座将成为拥有 600 万人口城市的地标性建筑。佩里迎难而上，创造出了一座相当摩登，

兼具科技感和美感的 21 世纪建筑。它采用了最先进的结构和机械系统，包括一套高度发达的悬臂系统，足以应对该地区过分活跃的地震活动；还有一座冷却塔，可以从邻近的运河抽用所需的供给水。

全球金融危机影响了大圣地亚哥塔的建造进程，这和碎片大厦类似，不同的是，这一次是在施工阶段。工程在 2009 年暂停了 10 个月，未完成的结构盘桓在城市上空，仿佛是圣地亚哥碎了一地的黄金富贵梦。工程重新开始后，一切终于有了改观，逐渐成形的大楼也标志着智利经济的复苏。

形式与结构

大楼的形式是比较简单的，但有几个巧妙的结合处，整体设计也因此变得十分优雅。建筑平面基本是个正方形，四边略微外凸，因此使得由它延伸出的墙面呈曲线状，并以一种比单纯的平面更有趣的方式反射光线。建筑的四面并不相接，反而留有一道缝隙，其中内凹的玻璃墙与主体立面呈45°夹角。从某个高度开始，楼层平面开始缩小，仿佛是立面在往内坍塌，而每一处玻璃立面也越来越窄，只露出了不过一个角落的大小。

凹角

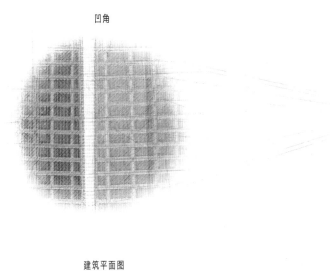

建筑平面图

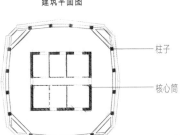

柱子

核心筒

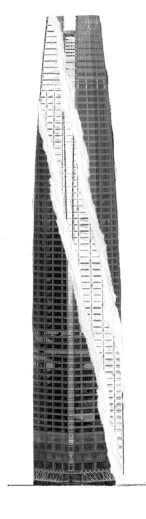

大楼顶部的开放式网格状皇冠加强了墙面与建筑似乎分离的效果。建筑中央是混凝土核心筒，是个长宽比例不明显的长方形，和建筑平面的正方形刚好相反。核心筒的边缘环绕着16根钢筋混凝土柱子，每4根连成1排，组成了结构套筒的外部。

南美洲最高楼

大圣地亚哥塔是南美洲最高的建筑，也是南半球第二高楼，排名第一的是澳大利亚的 Q1 大厦。

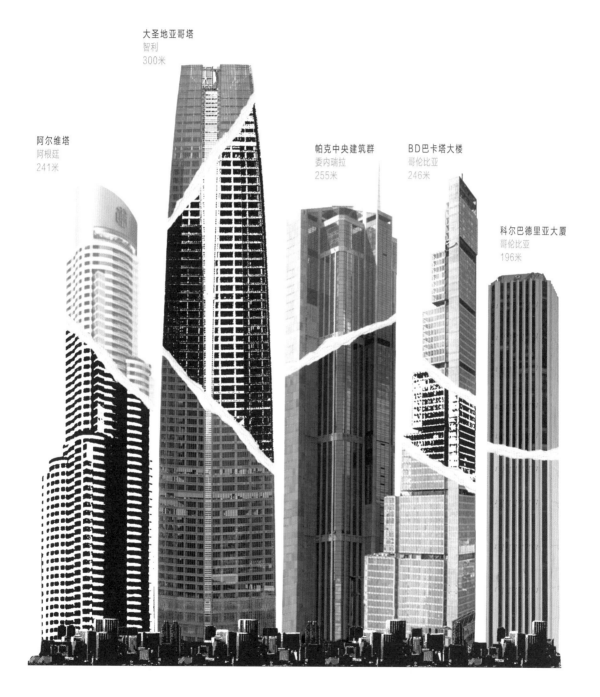

阿尔维塔
阿根廷
241米

大圣地亚哥塔
智利
300米

帕克中央建筑群
委内瑞拉
255米

BD巴卡塔大楼
哥伦比亚
246米

科尔巴德里亚大厦
哥伦比亚
196米

高高的天花板

一般来讲，高层建筑的楼层高度是 3 米左右，大厅和中庭除外。这个高度能提供足够的净空、室内采光和通风空间，还足以容纳电缆、管道和制冷通道。大圣地亚哥塔的楼层高度相当高，自然光因此可以充分深入建筑内部，建筑的内部也显得更宽敞。

4.1米

3米

大圣地亚哥塔　　标准摩天大楼

焦点

这座大楼是国家经济发展的象征，它令城市中的其他摩天大楼相形见绌，比圣地亚哥的第二高楼高了 100 多米。

抗震

这个地区发生过许多全球最严重的地震，事实上，迄今为止，记录在案的
历史上震级最高的地震就发生在智利。但圣地亚哥大楼顽强地挺过了 2010
年 2 月 27 日发生的 8.8 级大地震——在有史以来的最强地震中排第十二，
建筑毫发无损。从下图可以看出，这次地震名列全球十五大强震之中。

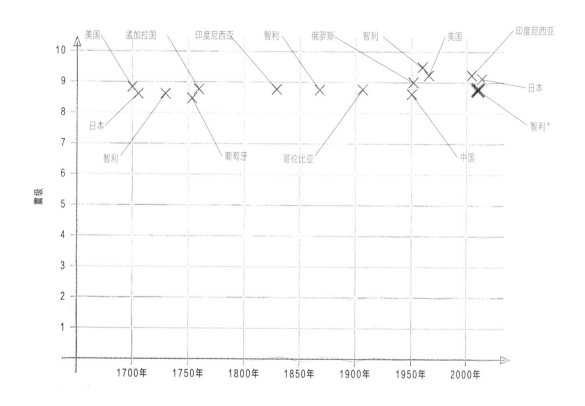

建造时间：
2008—2014 年

高度：
632 米

中国上海

上海中心大厦

上海中心大厦是上海摩天建筑群计划（包括金茂大厦和上海环球金融中心）的收官之作，这项计划可追溯到1990 年，旨在将上海从农田变为高速发展的亚洲金融中心。作为名副其实的超级摩天大楼，上海中心大厦是 3 座中最高的，它展现的"垂直城市"布局将成为未来摩天大楼的典范。

跨国企业甘斯勒在 2007 年的上海中心大厦竞标中拔得头筹，它的设计重在可持续性和社区属性。大楼由9 个区组成，每个区可容纳12 ~ 15 个楼层，层层上叠。每个区的底层是中庭，设有花园、咖啡区、餐馆和零售区，所有这些都包裹在扭曲的外立面中。设计灵感源于上海旧式小院，只不过在大楼里，邻里们不是毗邻居住，而是垂直相邻。设计的

环保之处在于，环绕内部结构和庭院的扭曲外立面利用率非常高。通过在立面和建筑内部之间创造"空气幕布"，让它起到绝缘体的作用，以减少能耗和成本。

和哈利法塔一样，上海中心大厦绚丽的外部设计限制了它的实用性，因此为确保大厦的安全性，设计师做了大量的风洞模拟实验。玻璃墙面的旋转加上通体的凹口，可以降低周围风流的影响，进而减少结构的负荷。

上海中心大厦的革新设计兼具实用性和美观性，这一点当之无愧。在固定的空间里提供基础服务设施，这样大楼业主就不需要只为了买一块面包就千里迢迢跑到地面层，这样的设计着实是超前的。它的流行指日可待。

结构

和旋转大厦一样，上海中心大厦也由9个垂直分区组成，每个分区层层上叠。区别在于，瑞士的那9个部分是完全一样的，上海这个却是向楼顶收缩。大厦的楼层平面是圆形，包围着一个网格状的中央核心筒，随着高度升高，核心筒的负载也会减小。楼层的圆形外环内圈均匀对立分布着8根巨型柱子，每对柱子间有独立的对角柱。大楼的圆柱形玻璃外墙只是薄薄的一层，但是再往外的另一层玻璃立面是绕着建筑旋转向上的，正是这一层立面制造了扭曲的效果。大楼每一区的底层有支架与外立面连接，营造出了开放的（位于室内的）空间，可用作零售区、庭园、咖啡区和餐馆。

9区

8区

7区

6区

5区

4区

3区

2区

1区

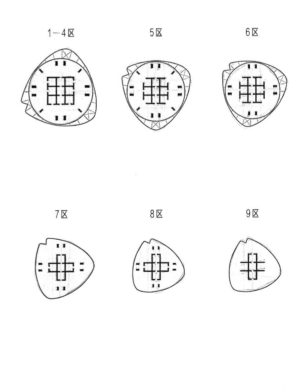

1—4区   5区   6区

7区   8区   9区

双层外墙

大多数建筑只有一层外墙，要用高反光玻璃来抵消热量的吸收。上海中心大厦的双层玻璃消除了这个需求，玻璃本身作为绝热体可以让建筑保持冬暖夏凉。最外层墙面扭转了120°，和常规设计相比，可以降低25%的风压。这也意味着对建材的消耗更少，同时降低了建筑的自重和工程花费。

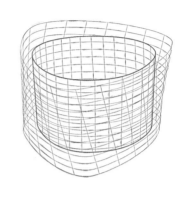

基础

大楼立于六角形混凝土筏上，下面是947根直径1米的柱子，它们都被深深埋入了柔软的沙土中。承重柱和中央核心筒正下方的柱子是交错分布的，但是在其他承重较小的地方则呈网格状分布。大楼核心筒下方的柱子向外延伸得更远，因为这个部分是首要的建筑承重区。

632米

56米

基础平面图

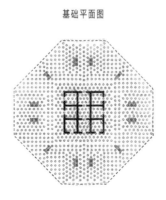

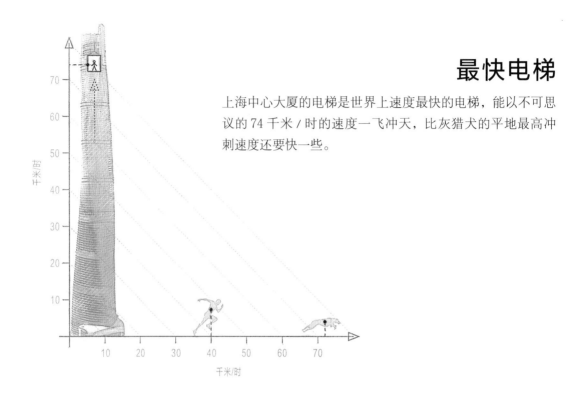

最快电梯

上海中心大厦的电梯是世界上速度最快的电梯，能以不可思议的 74 千米 / 时的速度一飞冲天，比灰猎犬的平地最高冲刺速度还要快一些。

顶层

虽然整体高度低于哈利法塔，但是上海中心大厦的顶层位置更高。相比于哈利法塔的巨大尖塔，它的虚荣高度可以忽略不计。

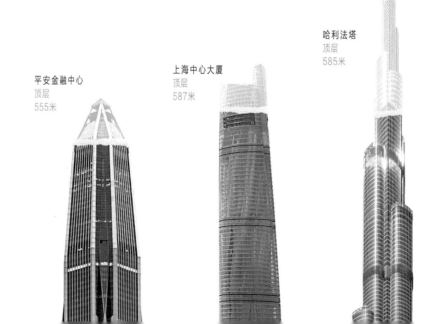

平安金融中心
顶层
555米

上海中心大厦
顶层
587米

哈利法塔
顶层
585米

超高层集群

超高层指的是超过 300 米的摩天大楼。继金茂大厦和上海环球金融中心之后，上海中心大厦的落成让浦东区成为世界上唯一拥有 3 座超高层集群的地区。

当世杰作

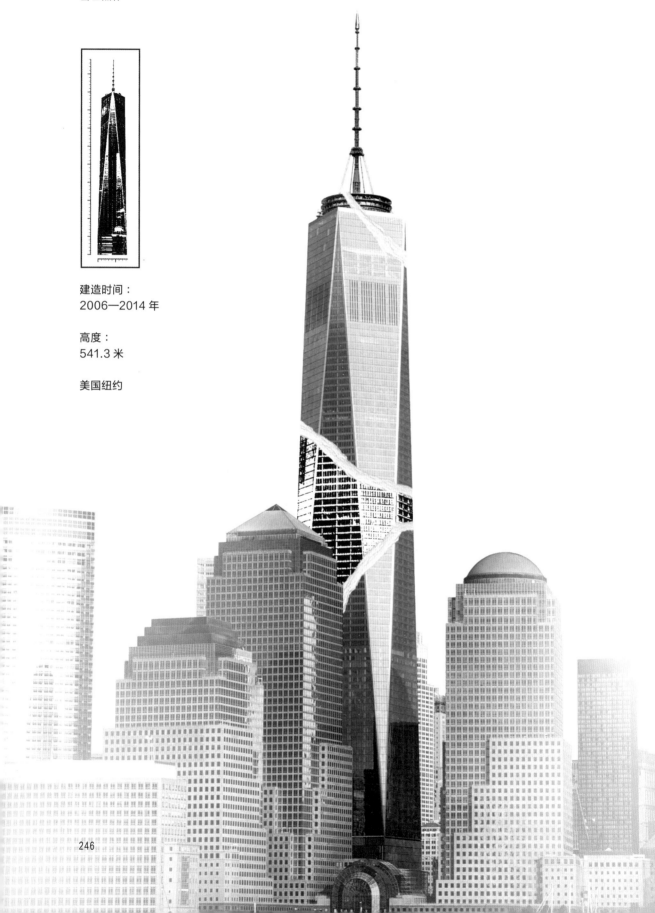

建造时间：
2006—2014 年

高度：
541.3 米

美国纽约

246

世界贸易中心 1 号楼

世界贸易中心 1 号楼傲然耸立于纽约的天际线上，是这个城市在经历了史上最惨烈的恐怖袭击之后，仍然顽强不屈的象征。这座通体覆盖着玻璃的建筑，看上去不仅牢固恒久，而且光彩夺目，让人惊叹。

基地上的旧楼被拆除之后，收到的新方案乏善可陈，曼哈顿下城开发集团开启了竞标，公开甄选设计方案。建筑师丹尼尔·里伯斯金脱颖而出，但他的设计方案也多次被推翻，因为开发商兼承租人拉里·西尔弗斯坦并不认可他的提案。西尔弗斯坦从 SOM 建筑设计事务所聘请了大卫·查尔德斯来做领航员。

安全是所有人最关心的，这点不难理解，查尔德斯也因此与恐怖主义研究专家合作，确保这将是世界上最坚固的建筑。为了以防万一，有人建议查尔德斯在远离邻近街道的地方选择建筑基地，以把地面恐袭的影响降到最低，同时更好地保护建筑的基础。查尔德斯则用无窗的、钢筋混凝土外墙来解决这个担忧，外墙从街面向上延伸至 20 层的高度，免除了卡车炸弹的后顾之忧。所有楼梯和电梯井外都环绕有 91 厘米厚的混凝土墙，另有额外为消防员设计的专用楼梯，通风系统配有过滤器可抵挡生化攻击。安全措施远不止于此，再加上专门实施的严格的新安保协议，大楼已经做好了万全的准备。

自上而下，包含天线在内，大楼高达 541.3 米，大约 1776 英尺。这是对 1776 年签署的《独立宣言》的致敬。

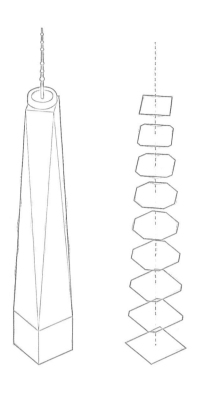

形式

世界贸易中心 1 号楼是从长方形底部开始建造的，建筑的边缘越往上越向内倒棱，继而在建筑的立面创造出了 8 个细长的三角形切面。楼层平面也因此从最开始的方形变成中部的八角形，最后又在屋顶的方形玻璃护墙汇集，整体扭转 45°。大楼平缓的几何立面可以捕捉到任何角度的阳光，并将其散射出去，营造出万花筒般的璀璨效果。

纽约最高楼

建成之时，它不仅是纽约最高的建筑，还是美国，甚至是西半球最高的大楼。下图足以显示它在纽约的建筑中是多么鹤立鸡群。

结构

世界贸易中心 1 号楼是混凝土和钢混合的结构。旧楼的混凝土核心筒外包裹着钢柱群；新楼的强度更高，它庞大的混凝土核心筒坚固到了不可思议的程度，但其外部包裹的框架却更轻。核心筒近似正方形，一直延伸到顶部，它的面积随着建筑逐渐向上收缩而有所减小。混凝土核心筒使用了当时纽约最坚固的材料，核心筒内部安有钢梁，用以支撑楼层，从而节省了使用巨大柱子的费用。建筑边缘的钢框架具有韧性，可以承受侧向及地震带来的压力。

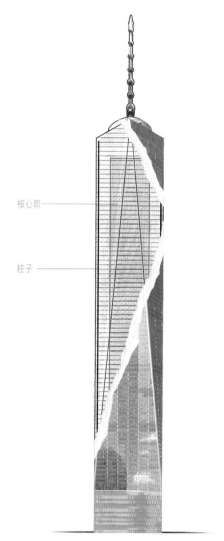

核心筒

柱子

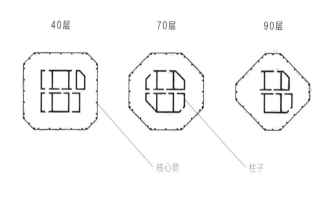

40层 70层 90层

核心筒 柱子

观景台

观景台占据了100—102层,内有2家餐厅和1家咖啡厅。102层观景台的高度刚好和原先的世贸中心双子楼中较矮的一座等高,上部延伸的玻璃栏杆则和较高的一座持平。

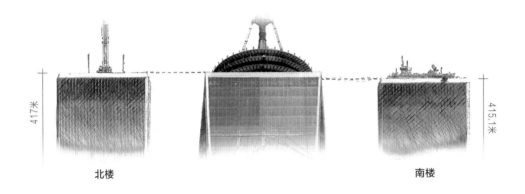

417米

北楼

415.1米

南楼

设计变革

在设计方案公开招标后,丹尼尔·里伯斯金的方案成功获选。他的设计方案在开发商的要求下不断改进,又和后期加入的大卫·查尔德斯结合。最终的设计和里伯斯金最初的想法大相径庭。

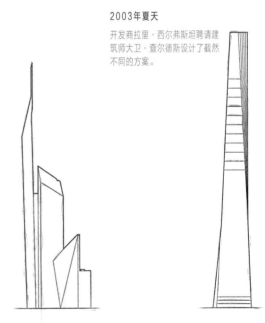

2003年夏天

开发商拉里·西尔弗斯坦聘请建筑师大卫·查尔德斯设计了截然不同的方案。

2002年冬天

里伯斯金的早期设计是一座带有独立尖塔的建筑,建筑顶层将覆盖各式植物。

尖塔

原始的设计包含一座裹有保护罩的尖塔，整座建筑的高度可以达到令人叹为观止的 1776 英尺（约 541 米）。2012 年，一根光秃秃的天线取代了这个想法，但依然使用了电缆环来保证它的直立。这种做法降低了部分成本。天线由不同部分组成，各自独立组装，顶端冠以玻璃盖信标。

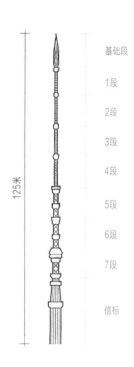

125米

基础段

1段

2段

3段

4段

5段

6段

7段

信标

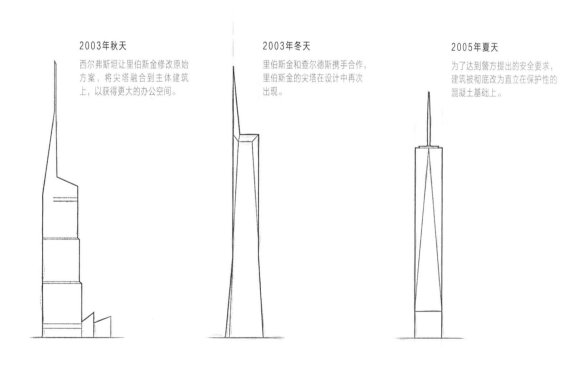

2003年秋天
西尔弗斯坦让里伯斯金修改原始方案，将尖塔融合到主体建筑上，以获得更大的办公空间。

2003年冬天
里伯斯金和查尔德斯携手合作，里伯斯金的尖塔在设计中再次出现。

2005年夏天
为了达到警方提出的安全要求，建筑被彻底改为直立在保护性的混凝土基础上。

建造时间：
2011—2016 年

高度：
555.7 米

韩国首尔

乐天世界大厦

乐天是韩国最大的商业集团，以它旗下的商场、酒店和游乐园，以及建筑、互联网技术、金融服务等其他行业而闻名。和母公司一样，乐天世界大厦也是一座多功能建筑，内含多样化的服务。乐天世界大厦和常规建筑一样，人们可以从大堂直接到达购物区，再往上是办公区、豪华酒店、观景台和商住两用区。商住两用楼在韩国地产中十分普遍，对在大厦办公区工作的人和大厦的物业人员来说，是便利的工作室住宅。这种两用楼通常会提供在酒店中很常规的服务，如健身房和安检台，而且大多配备齐全。

大楼充满现代感，是一座光鲜亮丽的玻璃建筑，且深深体现了韩国文化对它的影响，比如陶瓷和书法。除了开发商的要求繁多、大楼本身的优雅外形耗时颇久，建造许可的审批也是旷日持久。为了拿到这座大厦的建造许可证，乐天集团花了 15 年的时间，只在同意出资重建附近的铁轨后，才得到批准，因为只有这样，军用飞机才不会在落地时误撞大楼。

这座庞大却优雅的建筑一共有 123 层，竣工于 2016 年底，成功跻身世界最高的 5 座大楼之一。

乐天世界大厦

结构

乐天世界大厦地下的混凝土筏深达 6.5 米，支撑混凝土筏的是 1 米粗的混凝土柱。钢筋混凝土核心筒位于建筑的正中央，四周是 8 根混凝土巨型柱和附加的钢柱，它们相互之间由 3 层楼高的、隐藏在结构机械层的支架连接。办公区以下的巨型柱是垂直竖立的，往上就开始向内倾斜，在 86 层戛然而止。再往上，结构柱改为钢柱，直到 497 米高的楼顶，余下的开放式楼顶则由斜肋构架支撑。

结构平面图

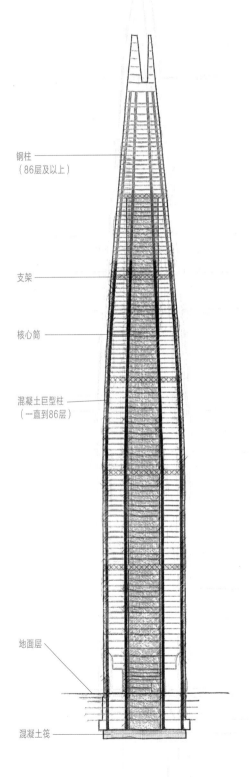

钢柱
（86层及以上）

支架

核心筒

混凝土巨型柱
（一直到86层）

地面层

混凝土筏

巨型柱　　　钢梁　　　核心筒

朝鲜半岛最高建筑

乐天世界大厦是朝鲜半岛的最高建筑，超过了邻国朝鲜的龙宫酒店。龙宫酒店从 1987 年起建，由于国内经济困难，建筑从未完全竣工，但主体结构已经封顶。

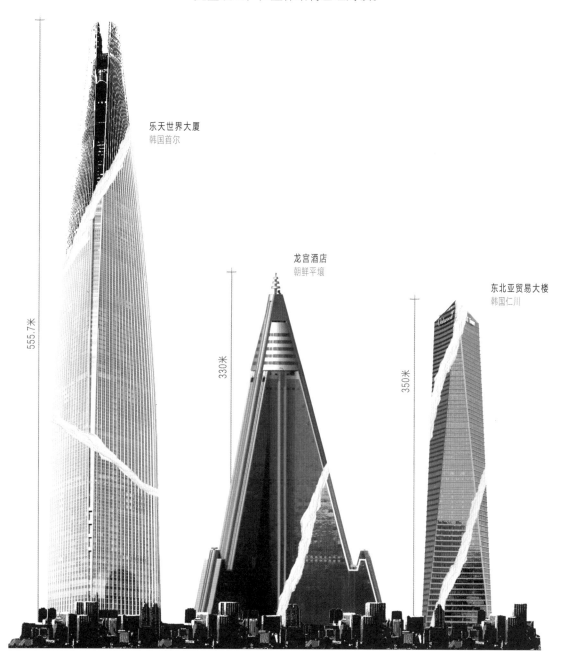

乐天世界大厦
韩国首尔

555.7米

龙宫酒店
朝鲜平壤

330米

东北亚贸易大楼
韩国仁川

350米

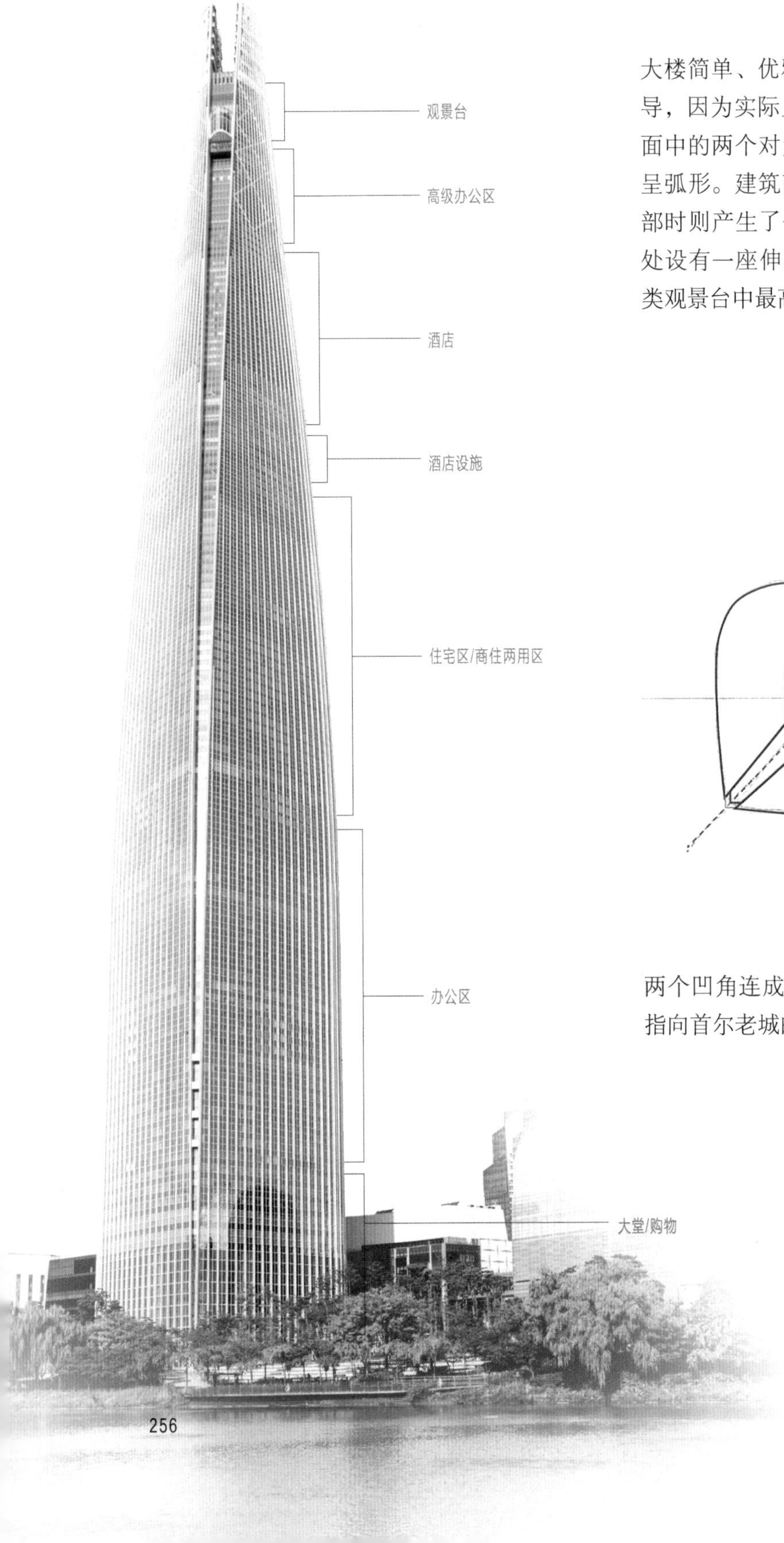

观景台

高级办公区

酒店

酒店设施

住宅区/商住两用区

办公区

大堂/购物

形式与功能

大楼简单、优雅的外观可以说会给人一种误导，因为实际上大楼具有多重功能。建筑平面中的两个对角微微内凹，另外两个角微微呈弧形。建筑高度越大，凹陷处越宽，到顶部时则产生了一道宽阔的缝隙。顶部的缝隙处设有一座伸出式玻璃底观景台，这也是同类观景台中最高的一座。

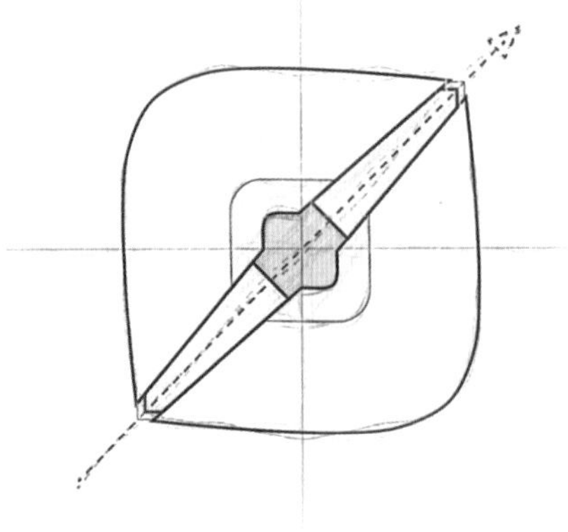

旧首尔

两个凹角连成的轴线，贯穿整座大厦，刚好指向首尔老城的方向。

拥有玻璃地板的最高建筑

乐天世界大厦的观景台是世界上最高的玻璃底观景台，这里指的是建筑距地表的相对高度。在美国大峡谷也有一座玻璃底观景台，它距底部的科罗拉多河河谷有1100米。然而，由于峡谷边缘地势崎岖，因此观景台距离下方地表的高度要小得多。

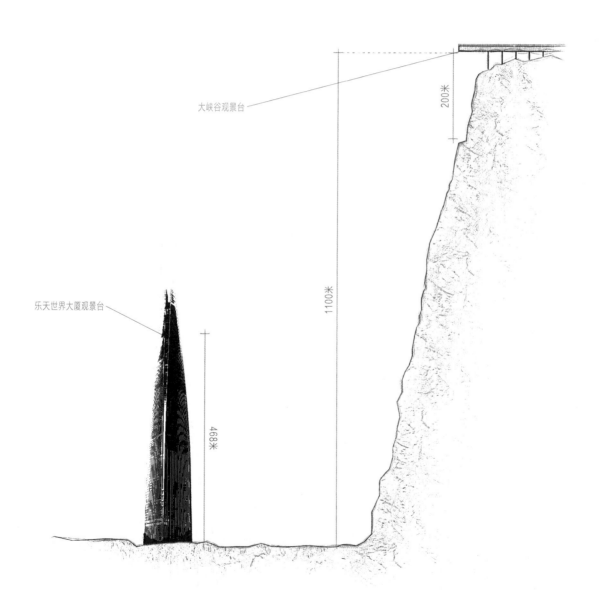

大峡谷观景台

200米

1100米

乐天世界大厦观景台

468米

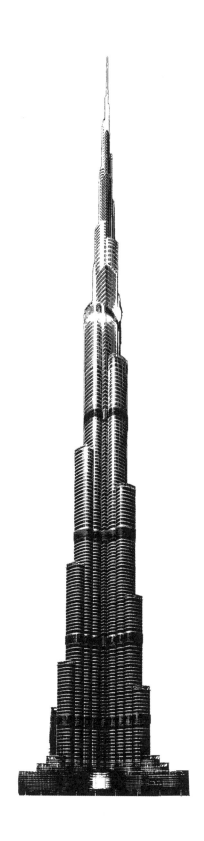

致谢

非常感谢野火出版社，尤其是亚历克斯·克拉克、艾拉·戈登和凯特·斯蒂芬森。你们对这本书的投入我深感于心，这也不断激励着我。谢谢！

谢谢迪瑟灵顿亚麻厂的理查德·本杰明，谢谢你百忙之中还为我提供了帮助，关于这座历史建筑的更多资料，请查询官网：http://www.flaxmill-maltings.co.uk。

参考资料

1001 Buildings You Must See Before You Die by Mark Irving
Cassell Illustrated, 2007

A History of Architecture in 100 Buildings by Dan Cruickshank
William Collins, 2015

A World History of Architecture by Michael Fazio, Marian Moffett, Lawrence Wodehouse
Laurence King Publishing Ltd, 2013

Archi-Graphic by Frank Jacobus
Laurence King Publishing Ltd, 2015

Architectural Details by Emily Cole
Ivy Press, 2002

Architecture – A Visual History by Jonathan Glancey
Dorling Kindersley Limited, 2017

Engineers – From the Great Pyramids to Spacecraft by Adam Hart-Davis
Dorling Kindersley Limited, 2012

Great Buildings – The World's Architectural Masterpieces Explored and Explained by Philip Wilkinson
Dorling Kindersley Limited, 2012

How To Build a Skyscraper by John Hill
RotoVision, 2017

Skyscrapers – A History of the World's Most Extraordinary Buildings by Judith Dupre
Black Dog & Leventhal Publishers, 2013

The Age of Spectacle by Tom Dyckhoff
Random House Books, 2017

Wonders of World Architecture by Neil Parkin
Thames and Hudson, 2002

图片来源

扎克·斯科特

扎克在 20 岁时加入了英国皇家空军，并担任飞机技术员多年。退役后，他回到城市，在高速铁路行业工作，之后才投入到毕生挚爱的设计中。扎克在 2013 年获得了平面设计学士学位，之后在不同公司做室内设计，继而成为自由职业者。对科技和空间的执着喜爱，促使他写出第一本书《阿波罗》，这本书于 2017 年出版。《摩天建筑视觉史》是他的第二本书，和第一本书的结构相似，这本书也结合了数据和图表，视觉效果十分丰富。

图书在版编目（CIP）数据

摩天建筑视觉史 / (英) 扎克·斯科特著；万山译
. -- 天津：天津科学技术出版社，2022.6（2024.3重印）
ISBN 978-7-5576-9969-7

Ⅰ.①摩… Ⅱ.①扎… ②万… Ⅲ.①超高层建筑 -
普及读物 Ⅳ.①TU97-49

中国版本图书馆CIP数据核字(2022)第046022号

摩天建筑视觉史

MOTIAN JIANZHU SHIJUESHI

选题策划：联合天际·文艺生活工作室

责任编辑：刘　磊

出　　版：天津出版传媒集团
　　　　　天津科学技术出版社

地　　址：天津市西康路35号

邮　　编：300051

电　　话：（022）23332695

网　　址：www.tjkjcbs.com.cn

发　　行：未读（天津）文化传媒有限公司

印　　刷：北京雅图新世纪印刷科技有限公司

关注未读好书

客服咨询

开本 787 × 1092　　1/16　　印张 17.25　　字数 60 000

2022年6月第1版　2024年3月第2次印刷

定价：128.00元